输变电工程
典型案例汇编

国网宁夏电力有限公司检修公司 编

中国电力出版社
CHINA ELECTRIC POWER PRESS

内容提要

本书主要涵盖变电、输电两个部分，共 185 条问题。其中，变电部分包括站区规划与总布置、土建、电气一次、系统及电气二次、辅助设施、消防六个部分；输电部分包括线路导线、金具、绝缘子等方面内容。

本书适用于输变电工程设计、施工、监理、设备生产厂家及验收人员使用。

图书在版编目（CIP）数据

输变电工程典型案例汇编／国网宁夏电力有限公司检修公司编. —北京：中国电力出版社，2021.7

ISBN 978-7-5198-5801-8

Ⅰ.①输…　Ⅱ.①国…　Ⅲ.①输电—电力工程—案例　Ⅳ.① TM7

中国版本图书馆 CIP 数据核字（2021）第 142639 号

出版发行：中国电力出版社
地　　址：北京市东城区北京站西街 19 号（邮政编码 100005）
网　　址：http://www.cepp.sgcc.com.cn
责任编辑：马　丹（010-63412725）　王冠一
责任校对：黄　蓓　李　楠
装帧设计：郝晓燕
责任印制：钱兴根

印　　刷：北京天宇星印刷厂
版　　次：2021 年 7 月第一版
印　　次：2021 年 7 月北京第一次印刷
开　　本：710 毫米 × 1000 毫米　16 开本
印　　张：8.25
字　　数：146 千字
定　　价：55.00 元

编 委 会

前言

　　随着宁夏主网规模日益扩大，保证主网设备的安全稳定运行越来越重要，主网设备自身质量、设备安装质量、工程设计质量的好坏，直接影响着主网设备的正常运行和使用寿命，甚至影响整个电网。

　　国网宁夏电力有限公司检修公司为进一步加强输变电设备质量管理，做好设备可研初设评审工作，从源头提升设备质量和健康水平，切实把住输变电设备入网质量关，确保新投运设备零缺陷入网，编制《输变电工程典型案例汇编》。本书主要涵盖变电、输电两个部分，共 185 条问题。其中，变电部分包括站区规划与总布置、土建、电气一次、系统及电气二次、辅助设施、消防六个部分；输电部分包括线路导线、金具、绝缘子等方面内容。国网宁夏电力有限公司检修公司通过长期开展基建工程验收工作总结积累了丰富的经验，本书梳理了历年基建工程中暴露的问题，涉及所有主网运行设备，内容比较广泛。

　　由于编者的水平有限，不妥和疏漏在所难免，欢迎广大读者提出宝贵意见。

编者

2021 年 4 月

目录

前言

第一部分　变电部分···1

一、站区规划与总布置···1

（一）站区规划···1

第 1 条　重污染地区变电站 GIS（HGIS）设备采用户外安装方式·············1

（二）道路···2

第 2 条　新建变电站未建设进站道路或建设道路标准过低的问题·············2

第 3 条　关于变电站选址在交通拥堵、车辆无法通行的位置的问题·············3

（三）大门···4

第 4 条　无人值守变电站大门不满足安全保卫及生产检修需要的问题·············4

（四）给水···5

第 5 条　变电站无生活用水的问题·····································5

二、土建···6

（一）建筑物···6

第 6 条　无人值守变电站未设计值班室、安全工器具室、消防器材室等的问题····6

第 7 条　变压器室、电容器室、蓄电池室、电缆夹层和配电室防火门的问题·······7

第 8 条　变电站消防控制室门不满足防火要求的问题·······················8

第 9 条　变电站建筑物内墙面问题·····································8

第 10 条　建筑物窗台安装不规范的问题·································9

（二）围墙···10

第 11 条　变电站征地问题···10

（三）场地处理···11

第 12 条　变电站场区严重塌陷的问题 ···11

第 13 条　户外设备区场地区域未采用方砖进行场地硬化的问题 ·············11

（三）电缆沟、电缆竖井、电缆夹层、电缆隧道 ·······························12

第 14 条　动力电缆与控制电缆或通信电缆混沟的问题 ··························12

第 15 条　220 kV 及以上变电站导引光缆未具备双沟道的问题 ············13

第 16 条　充油设备附近电缆沟防火的问题 ·······································13

第 17 条　变电站电缆层、电缆竖井和电缆隧道内防火问题 ·················14

第 18 条　750 kV 变电站电缆夹层防火问题 ····································15

第 19 条　变电站电缆夹层通风问题 ···15

第 20 条　设备区间隔电缆支沟未做防火封堵的问题 ··························16

第 21 条　220 kV 及以上变电站未具备双沟道的问题 ·······················17

三、电气一次 ··17

（一）主接线 ···17

第 22 条　GIS 设备母线没有按照终期一次性建设完成的问题 ·············17

第 23 条　避免母联死区或同侧母线故障导致 330 kV 变电站全站失压的问题 ·····19

（二）主变压器 ··19

第 24 条　变压器本体储油柜与气体继电器之间设置断流阀的问题 ········19

第 25 条　主变压器、高压电抗器中性点接地部位未设置防护措施的问题 ··········20

第 26 条　变压器事故油池铺设鹅卵石后未增加上格栅的问题 ·············21

第 27 条　变压器油试验报告不全的问题 ···21

第 28 条　变压器铁心、夹件接地未引出至油箱外 ····························22

第 29 条　变压器未提供突发短路能力报告的问题 ····························23

第 30 条　变压器未进行长时感应电压试验（带局部放电测量）的问题 ···23

第 31 条　变压器绕组变形试验项目不统一的问题 ····························24

第 32 条　气体继电器管道坡度不足的问题 ·······································25

第 33 条　变压器非电量保护装置防雨罩过小的问题 ·························25

第 34 条　变压器本体未采用双浮球带挡板结构气体继电器的问题 ········26

第 35 条　变压器油灭弧有载分接开关气体继电器选型问题 ················27

第 36 条　变压器气体继电器未安装采气盒的问题 ····························28

第 37 条　变压器保护启动风冷返回系数不一致的问题 ······················28

第 38 条　变压器中、低压侧电缆选型问题 29

第 39 条　220 kV 及以下主变压器中（低）压侧引线绝缘化问题 29

第 40 条　变压器套管接线端子未使用抱箍线夹的问题 30

第 41 条　主变压器本体及有载调压呼吸器采用非透明呼吸器的问题 ...31

第 42 条　主变压器套管油位无法观测的问题 31

第 43 条　主变压器中性点加装直流偏磁装置的问题 32

第 44 条　主变压器气体继电器和压力释放阀未校验的问题 33

第 45 条　新投运变电站站用变压器、接地变压器布局问题 33

第 46 条　站用变压器储油柜容积不满足要求的问题 33

第 47 条　重要变电站（750 kV）油色谱装置选型的问题 34

（三）GIS（HGIS）设备 35

第 48 条　GIS（HGIS）设备中 SF₆ 表计安装位置不当的问题 35

第 49 条　SF₆ 密度继电器不具备远传功能的问题 36

第 50 条　GIS 设备检修平台及巡视平台设计不合理的问题 36

第 51 条　330 kV GIS 断路器无法进行试验的问题 37

第 52 条　户外 GIS 罐体连接问题 38

第 53 条　组合电器浇注口位置问题 38

第 54 条　架空进线的 GIS 线路间隔的避雷器布局问题 39

第 55 条　GIS 户外智能终端柜高压带电显示装置电源接入问题 40

第 56 条　GIS 电缆穿管问题 40

第 57 条　220 kV 及以上 GIS 分箱结构的断路器未安装独立的密度继电器 ...41

第 58 条　GIS 充气口保护封盖的材质问题 41

第 59 条　户外 GIS 法兰对接面密封问题 42

第 60 条　出厂试验时未对 GIS 及罐式断路器罐体焊缝开展无损探伤检测的问题 ...42

第 61 条　组合电器预留间隔信号未接入的问题 43

第 62 条　GIS 设备波纹管未加装计量尺的问题 43

第 63 条　组合电器汇控柜过高的问题 44

第 64 条　垂直安装的组合电器二次电缆槽盒无低位排水措施的问题 ...44

第 65 条　110 kV 户内 GIS 设备机构箱布局问题 45

第 66 条　三相分箱的 GIS 母线及断路器气室密度继电器安装问题 ...46

第 67 条　塞上 110 kV 断路器机构布置不合理的问题·············47

第 68 条　组合电器断路器与电流互感器气室划分问题·············47

（四）配电装置（断路器、高压开关柜、电流互感器、避雷器、电压互感器）·············48

第 69 条　关于断路器 SF_6 压力表无防雨罩，且指示看不清的问题·············48

第 70 条　断路器交接试验报告中无行程曲线的问题·············49

第 71 条　断路器两侧电流互感器布置的问题·············49

第 72 条　开关柜母线接地小车配置问题·············50

第 73 条　三相机械联动隔离开关只安装一个分合闸指示器的问题·············50

第 74 条　开关柜无带电显示装置的问题·············51

第 75 条　35 kV 开关柜是否加装绝缘隔板问题·············51

第 76 条　开关柜电缆连接问题·············52

第 77 条　隔离开关导电臂及底座防鸟筑巢问题·············52

第 78 条　隔离开关和接地开关空心管材破裂问题·············53

第 79 条　关于隔离开关触头选型问题·············53

第 80 条　10 kV 手车断路器手车导轨机械强度不足的问题·············54

第 81 条　35 kV 隔离开关的机械闭锁不便于检修的问题·············54

第 82 条　关于氧化锌避雷器出厂及交接试验电容量及介质损耗测试的问题·············55

第 83 条　110 kV 及以上母线和各线路间隔电压互感器配置问题·············56

第 84 条　关于油浸式互感器油位指示看不清的问题·············56

第 85 条　关于 220 kV 及以上避雷器安装前检查问题·············57

（五）无功设备·············57

第 86 条　电容器单元选型问题·············57

第 87 条　干式电抗器和电容器的串抗防鸟问题·············58

第 88 条　关于电抗器接地体发热问题·············59

第 89 条　35 kV（10 kV）电容器的汇流母线选型问题·············59

第 90 条　关于电容器围栏发热问题·············59

（六）避雷针、构支架、接地装置、绝缘子·············60

第 91 条　电压互感器、避雷器、快速接地开关未采用专用接地线直接连接到地网问题·············60

第 92 条　关于主变压器低压侧设备装设接地线问题 ⋯⋯⋯⋯⋯⋯⋯⋯61

第 93 条　变电站独立避雷针与道路相距过小问题 ⋯⋯⋯⋯⋯⋯⋯⋯⋯61

第 94 条　关于独立避雷针、构架避雷针选型问题 ⋯⋯⋯⋯⋯⋯⋯⋯⋯62

（七）站用电（交流系统及 UPS） ⋯⋯⋯⋯⋯⋯⋯⋯⋯⋯⋯⋯⋯⋯⋯⋯⋯⋯⋯63

第 95 条　关于不间断电源（UPS）装置交、直流电源接取问题 ⋯⋯⋯63

第 96 条　关于 UPS 输入电压的问题 ⋯⋯⋯⋯⋯⋯⋯⋯⋯⋯⋯⋯⋯⋯⋯⋯63

第 97 条　关于 110 kV 变电站 UPS 配置问题 ⋯⋯⋯⋯⋯⋯⋯⋯⋯⋯⋯⋯64

第 98 条　变电站应急电源接入问题 ⋯⋯⋯⋯⋯⋯⋯⋯⋯⋯⋯⋯⋯⋯⋯⋯65

第 99 条　通信单电源问题 ⋯⋯⋯⋯⋯⋯⋯⋯⋯⋯⋯⋯⋯⋯⋯⋯⋯⋯⋯⋯⋯65

第 100 条　关于监控系统交流 UPS 维持时间问题 ⋯⋯⋯⋯⋯⋯⋯⋯⋯⋯66

（八）直流电源 ⋯⋯⋯⋯⋯⋯⋯⋯⋯⋯⋯⋯⋯⋯⋯⋯⋯⋯⋯⋯⋯⋯⋯⋯⋯⋯⋯⋯66

第 101 条　关于直流空气断路器级差配合的问题 ⋯⋯⋯⋯⋯⋯⋯⋯⋯⋯66

第 102 条　关于 35（10）kV 开关柜的直流供电方式问题 ⋯⋯⋯⋯⋯67

第 103 条　关于直流电源分配不合理的问题 ⋯⋯⋯⋯⋯⋯⋯⋯⋯⋯⋯⋯68

第 104 条　蓄电池组中蓄电池布局问题 ⋯⋯⋯⋯⋯⋯⋯⋯⋯⋯⋯⋯⋯⋯69

第 105 条　变电站交、直流系统空气断路器位置信号接入问题 ⋯⋯⋯69

第 106 条　直流绝缘监测装置的平衡桥接入问题 ⋯⋯⋯⋯⋯⋯⋯⋯⋯⋯70

第 107 条　330 kV 及以上变电站通信电源配置问题 ⋯⋯⋯⋯⋯⋯⋯⋯70

（九）端子箱及检修电源箱 ⋯⋯⋯⋯⋯⋯⋯⋯⋯⋯⋯⋯⋯⋯⋯⋯⋯⋯⋯⋯⋯⋯71

第 108 条　控制柜接地母线铜排绝缘问题 ⋯⋯⋯⋯⋯⋯⋯⋯⋯⋯⋯⋯⋯71

第 109 条　关于机构箱内加热器与各元件、电缆和电线距离值的要求问题 ⋯71

第 110 条　关于端子箱二次等电位接地铜排配置问题 ⋯⋯⋯⋯⋯⋯⋯⋯72

第 111 条　关于温控器、继电器等二次元件无 "3C" 认证的问题 ⋯⋯⋯73

第 112 条　关于户外检修电源的问题 ⋯⋯⋯⋯⋯⋯⋯⋯⋯⋯⋯⋯⋯⋯⋯⋯73

（十）电缆选择与敷设 ⋯⋯⋯⋯⋯⋯⋯⋯⋯⋯⋯⋯⋯⋯⋯⋯⋯⋯⋯⋯⋯⋯⋯⋯74

第 113 条　关于蓄电池电缆敷设通道的问题 ⋯⋯⋯⋯⋯⋯⋯⋯⋯⋯⋯⋯74

第 114 条　35 kV 高压电力电缆选型问题 ⋯⋯⋯⋯⋯⋯⋯⋯⋯⋯⋯⋯⋯75

四、系统及电气二次 ⋯⋯⋯⋯⋯⋯⋯⋯⋯⋯⋯⋯⋯⋯⋯⋯⋯⋯⋯⋯⋯⋯⋯⋯⋯⋯76

（一）继电保护及安全自动装置 ⋯⋯⋯⋯⋯⋯⋯⋯⋯⋯⋯⋯⋯⋯⋯⋯⋯⋯⋯76

第 115 条　电压互感器开口三角电压问题 ⋯⋯⋯⋯⋯⋯⋯⋯⋯⋯⋯⋯⋯76

第 116 条　关于断路器控制回路设计问题 ……………………………………76

第 117 条　关于交流保护电流采样精度要求的问题 ……………………………77

第 118 条　关于 TA 断线闭锁母线差动保护设计要求 ……………………………77

第 119 条　关于母线差动保护跳母联、分段断路器经电压闭锁设计要求的问题……78

第 120 条　关于 35 kV 及以下开关柜保护开关量要求的问题 ………………78

第 121 条　关于 220 kV 及以上智能变电站取消合并单元要求的问题………79

第 122 条　关于智能变电站智能终端动作时间的问题 …………………………80

第 123 条　关于智能变电站故障录波器跨接双网要求的问题 …………………80

第 124 条　关于智能变电站智能终端 SOE 分辨率要求的问题 ………………81

第 125 条　关于智能变电站光纤回路衰耗要求的问题 …………………………82

第 126 条　关于 110（66）kV 变电站故障录波装置配置要求的问题 ………82

第 127 条　关于继电保护装置投运前带负荷试验的问题 ………………………82

第 128 条　二次设备前置接线设计部分装置不满足日常运维需求 ……………83

第 129 条　关于户外汇控柜电流回路经转接的问题 ……………………………84

第 130 条　故障录波装置未对站用直流系统母线对地电压进行监测…………84

第 131 条　110 kV 主变压器、线路及分段采用保护测控一体装置 …………85

第 132 条　主变压器非电量保护装置电源与主变压器电气量保护装置电源共用的
　　　　　问题…………………………………………………………………85

第 133 条　保护辅助设备的电源配置问题 ………………………………………86

（二）调度自动化 ……………………………………………………………………86

第 134 条　关于单次状态估计计算时间的要求问题 ……………………………86

第 135 条　关于静态安全分析扫描时间要求的问题 ……………………………87

第 136 条　关于部署同步相量测量装置要求的问题 ……………………………87

第 137 条　关于网络安全管理平台建设要求的问题 ……………………………88

第 138 条　关于变电站网络安全监测装置部署配置的问题 ……………………89

第 139 条　关于智能变电站设计规范中网络安全监测装置配置的问题 ………89

第 140 条　系统上线前开展安全防护评估问题 …………………………………90

（三）微机监控系统 …………………………………………………………………91

第 141 条　关于变电站监控主机及远动装置组屏方案的要求 …………………91

第 142 条　关于变电站监控系统实时画面响应时间的要求 ……………………91

第 143 条　关于 110 kV 变电站后台监控机配置的问题 ………………………92

五、辅助设施 ··· 92

（一）防误闭锁系统 ··· 92

第 144 条 关于顺控操作配置的问题 ··· 92

第 145 条 关于变电站未配备智能"五防"钥匙管理机的问题 ····· 93

第 146 条 关于开关柜接地桩设置的问题 ································· 93

第 147 条 关于开关柜柜门闭锁的问题 ····································· 94

（二）视频监控系统、电子围栏 ·· 94

第 148 条 关于视频监控系统电源的问题 ································· 94

第 149 条 关于变电站视频监控联动的问题 ····························· 95

第 150 条 关于视频监视柜硬盘存储时间的问题 ······················ 95

第 151 条 关于辅助设备端子箱质量不合格的问题 ··················· 96

第 152 条 关于外接站用变压器站外电缆监视的问题 ················ 96

（三）采暖、通风、空调及照明 ·· 96

第 153 条 关于高压室空调配置的问题 ····································· 96

第 154 条 关于各小室空调外机管道封堵的问题 ······················ 97

第 155 条 关于高压室 SF$_6$ 报警装置配置的问题 ···················· 98

第 156 条 关于高压室 SF$_6$ 报警装置安装位置的问题 ·············· 98

第 157 条 关于户外检修照明装置设置的问题 ·························· 99

（四）智能辅助设施平台 ··· 100

第 158 条 关于变电站站内锁具钥匙配置的问题 ····················· 100

（五）防汛及排水 ··· 100

第 159 条 关于变电站选址的问题 ·· 100

第 160 条 关于雨水井周围未设置挡板的问题 ························· 100

六、消防 ··· 101

（一）固定式灭火装置 ··· 101

第 161 条 消火栓布置不合理的问题 ······································· 101

第 162 条 关于主变压器泡沫消防管网安全距离不足的问题 ······· 102

第 163 条 关于主变压器防火墙质量的问题 ···························· 102

第 164 条 关于变电站蓄电池室防爆隔火墙设置问题 ················ 103

（二）消防设施（应急疏散指示、消防应急照明） ···················· 103

第 165 条　关于变电站消防标示设置不全的问题 ················ 103

第 166 条　关于防火门安装不规范的问题 ······················ 104

第二部分　输电部分·············· 105

第 167 条　关于架空地线防振锤选型的问题 ················ 105

第 168 条　关于线路光缆"三跨"的问题 ···················· 105

第 169 条　关于 110 kV 线路电缆终端塔无检修平台的问题 ······ 106

第 170 条　关于直线绝缘子偏斜角偏移值的问题 ············ 106

第 171 条　关于杆塔组立直线杆塔倾斜限值的问题 ·········· 107

第 172 条　关于旧线 π 入新变电站时校核不充分的问题 ······ 108

第 173 条　关于输电线路风口区域防风偏能力不足的问题 ···· 108

第 174 条　关于输电线路防止绝缘子和金具断裂的问题 ······ 109

第 175 条　关于输电线路防鸟设施数量不足的问题 ·········· 109

第 176 条　关于输电线路瓷质绝缘子是否涂覆防污涂料的问题 ·· 110

第 177 条　关于输电线路杆塔基础设计的问题 ·············· 111

第 178 条　关于变电站站外出线设计不合理的问题 ·········· 111

第 179 条　关于输电线路防雷设计的问题 ···················· 112

第 180 条　关于线路走廊内树木清理的问题 ················ 113

第 181 条　关于输电线路金具与塔窗距离不足的问题 ········ 114

第 182 条　关于输电线路路径选择应合理避让危险源的问题 ·· 115

第 183 条　关于同一走廊内输电线路距离过近的问题 ········ 116

第 184 条　关于输电线路钻越、跨越次数多的问题 ·········· 117

第 185 条　电缆线路的防火设施未与主体工程同时设计、同时施工、同时验收的
问题 ·· 117

第一部分　变电部分

一、站区规划与总布置

（一）站区规划

第 1 条　重污染地区变电站 GIS（HGIS）设备采用户外安装方式

1. 现状

部分 330 kV 变电站选址在重污染 e 级地区，如图 1-1 所示，其气体绝缘开关设备（GIS）、混合式气体绝缘金属封闭开关设备（HGIS）采用户外安装方式，如图 1-2 所示。

图 1-1　重污染地区变电站　　　　图 1-2　GIS 设备户外安装

2. 存在问题

（1）问题描述。GIS（HGIS）变电站选址在重污染 e 级地区时，若采用户外安装方式，会出现设备出线套管和绝缘子积污严重、雨雪天气下易发生污闪、金具酸性气体腐蚀机械性能下降等情况，设备运行可靠性降低。

（2）依据性文件要求。《国家电网有限公司十八项电网重大反事故措施（修订版）》（国家电网设备〔2018〕979号，以下简称《十八项反措》）第12.2.1.1条：用于低温（年最低温度为 –30℃ 及以下）、日温差超过 25 K、重污秽 e 级或沿海 d 级地区、城市中心区、周边有重污染源（如钢厂、化工厂、水泥厂等）的 363 kV 及以下 GIS，应采用户内安装方式，550 kV 及以上 GIS 经充分论证后确定布置方式。

（3）分析解释。西北地区冬季昼夜温差大，沙尘天气多，部分变电站采用 GIS（HGIS）设备选址时无法避让重污染 e 级地区，当选用户内安装方式可以有效避免设备积污引起的污闪事故，保证设备运行可靠性。

3. 执行意见

按照《十八项反措》第12.2.1.1条执行：363 kV 及以下 GIS 变电站选址在重污染 e 地区时按照反措要求采用户内安装方式，500 kV 及以上 GIS 经充分论证后确定布置方式。

（二）道路

第 2 条　新建变电站未建设进站道路或建设道路标准过低的问题

1. 现状

部分新建变电站未建设进站道路，如图 1-3 所示，或建设道路标准过低，如图 1-4 所示，路面宽度、硬度均不符合后期消防、运维检修的要求。

图 1-3　未建设进站道路　　　　　图 1-4　建设道路标准过低

2. 存在问题

（1）问题描述。部分新建变电站在设计时未全面考虑进站道路建设问题，如某变电站道路未硬化，导致大雨天气形成泥坑，车辆无法进入变电站。

（2）依据性文件要求。《国家电网公司变电验收管理规定（试行） 第 27 分册　土建设施验收细则》中 A.1 变电站土建设施可研初设审查验收标准卡的 1 变电站选址：④新建变电站的进站道路，大件设备运输、给排水设施、站用外引电源、防排洪设施等站外配套设施应一并纳入变电站的总体规划。

（3）分析解释。部分变电站选址时地处偏远，附近交通闭塞，新站建设时需建设很长的道路与交通主干道相连，涉及道路建设及征地费用，资金投入较大，导致部分变电站建设时不考虑进站道路的问题，如 GL、QX 变电站未建设进站道路，路况差且道路通行易受天气影响，给运维检修车辆进出带来困难。

3. 执行意见

按照《国家电网公司变电验收管理规定（试行） 第 27 分册 土建设施验收细则》执行：

（1）变电站进站道路应满足消防通道的要求，且路基宽度和平曲线半径应满足搬运站内大型设备条件，具备回车条件。

（2）进站道路路面宽度宜根据变电站电压等级，按以下原则确定：110 kV 及以下电压等级变电站主要道路宽度 4 m；220 kV 变电站 4.5 m，不设路肩时可为 5 m；330 kV 及以上电压等级变电站 6 m，路肩宽度每边均为 0.5 m；当进站道路较长时，变电站进站道路宽度应统一采用 4.5 m，并应设置错车道。

（3）变电站站内道路宽度应按以下原则确定：变电站大门至主控通信楼、主变压器的主干道，220 kV 变电站可加宽至 4.5 m，330 kV 及以上变电站可加宽至 5.5 m；站内主要环形道路应满足消防要求，道路宽度一般为 4.0 m；户外配电装置内的检修道路和 500 kV 及以上变电站相间道路宜为 3.0 m；接入建筑物的人行道宽度一般宜为 1.5~2 m。

第 3 条 关于变电站选址在交通拥堵、车辆无法通行的位置的问题

1. 现状

部分变电站选址在市区，由于周边交通设施变更或有土建工程施工，造成变电站进站道路拥堵、不通或车辆无法进入等后果。

2. 存在问题

（1）问题描述。部分变电站在设计时未全面考虑变电站选址交通便利性，例如，GH 110 kV 变电站进站道路周边违停车辆较多，公交站台围栏挡住进站路口，使车辆无法正常通行；YA 110 kV 变电站进站路口被驾校强行封堵；BLQ 220 kV 变电站进站口周边有大型土建工程，导致各进站路口被强行挖断等。

（2）依据性文件要求。《国家电网公司变电验收管理规定（试行） 第 27 分册 土建设施验收细则》中 A.1 变电站土建设施可研初设审查验收标准卡的 1 变电站选址：①应有适宜的地质、地形和地貌条件，不得将站址建在已有滑坡、泥石流、大型溶洞、矿产采空区等地质灾害地段，站址不宜压覆矿产及文物，应避免与军事、航空及通信设施的相互干扰，站外交通应满足大型设备运输要求物，应充分利用就近的生活、文教、卫生、交通、消防、给排水等公用设施。

④新建变电站的进站道路，大件设备运输、给排水设施、站用外引电源、防排洪设施等站外配套设施应一并纳入变电站的总体规划。

《国家电网公司变电验收管理规定（试行） 第27分册 土建设施验收细则》中A.1变电站土建设施可研初设审查验收标准卡的4变电站道路：①变电站进站道路应满足消防通道的要求，且路基宽度和平曲线半径应满足搬运站内大型设备条件，具备回车条件。⑥变电站大门至市政道路联络通道应设计明确，征地手续清晰。

（3）分析解释。由于市区内城市规划道路及建筑物工程较多，在变电站建成后，由于这些道路及土建工程的施工会造成变电站进站道路拥堵或不通，造成车辆无法正常进出变电站。

3. 执行意见

按照《国家电网公司变电验收管理规定（试行） 第27分册 土建设施验收细则》执行，变电站选址应将周边环境、未来是否有大型道路或土建工程及会不会影响变电站正常通行纳入可研初设。

（三）大门

第4条 无人值守变电站大门不满足安全保卫及生产检修需要的问题

1. 现状

部分无人值守变电站大门采用普通格栅门或者大门高度、宽度不满足变电站安全保卫、生产检修的要求，如图1-5所示。

2. 存在问题

（1）问题描述。无人值守变电站在设计时未全面考虑变电站安全要求，采用普通格栅门，不能防止小动物进入；采用实体门时未设置小门，大门频繁开启容易损坏；采用全封闭式防盗钢板门时高度、宽度未按相关规程要求设置。

（2）依据性文件要求。《国家电网公司变电验收管理规定（试行） 第27分册 土建设施验收细则》中A.1变电站土建设施可研初设审查验收标准卡的7变电站围墙及大门：④无人值班变电站应设置实体大门，门宽应满足站内大型设备的运输要求，大门高度不宜低于2.0 m，宜采用全封闭式防盗钢板门，并留有小门。无人值守变电站大门应如图1-6所示。

（3）分析解释。新建变电站多按无人值守变电站考虑，无人值守变电站所需要的安全保卫要求更高，尤其是变电站大门。但部分投运变电站大门的牢固性、高度、宽度等均不满足《国家电网公司变电验收管理规定（试行） 第27分册 土建设施验收细则》中A.1第7条的相关要求，投运后还需进行改造，增加运维成本。

图 1-5　普通格栅门

图 1-6　无人值守变电站大门

3. 执行意见

按照《国家电网公司变电验收管理规定（试行） 第 27 分册　土建设施验收细则》中 A.1 变电站土建设施可研初设审查验收标准卡的第 7 条执行：无人值班变电站应设置实体大门，门宽应满足站内大型设备的运输要求，大门高度不宜低于 1.5 m，宜采用全封闭式防盗钢板门，并留有小门。

（四）给水

第 5 条　变电站无生活用水的问题

1. 现状

部分新投运变电站选址较偏僻，周边无自来水水源，需每日给变电站送水。

2. 存在问题

（1）问题描述。部分新投变电站在设计时未全面考虑水源问题，站内无生活用水，给站内工作人员的工作和生活带来了极大的不便。

（2）依据性文件要求。《国家电网公司变电验收管理规定（试行） 第 27 分册　土建设施验收细则》中 A.1 变电站土建设施可研初设审查验收标准卡的 1 变电站选址：①应有适宜的地质、地形和地貌条件，不得将站址建在已有滑坡、泥石流、大型溶洞、矿产采空区等地质灾害地段，站址不宜压覆矿产及文物，应避免与军事、航空及通信设施的相互干扰，站外交通应满足大型设备运输要求物，应充分利用就近的生活、文教、卫生、交通、消防、给排水等公用设施。④新建变电站的进站道路，大件设备运输、给排水设施、站用外引电源、防排洪设施等站外配套设施应一并纳入变电站的总体规划。

（3）分析解释。某 750 kV 变电站受限于规划，选址时附近无可用的自来水水源，导致投运后变电站无生活用水，站内工作人员不能进行正常生活，在变电站规划时应重点考虑水源问题。

3. 执行意见

按照《国家电网公司变电验收管理规定（试行） 第 27 分册　土建设施验收细则》执行：变电站选址时应考虑自来水水源问题，周边应有可用的自来水管道并接入变电站站内，以满足站内生活用水及清洁用水要求。

二、土建

（一）建筑物

第 6 条　无人值守变电站未设计值班室、安全工器具室、消防器材室等的问题

1. 现状

无人值守变电站除生产用房外，未设计检修间、值班休息室、安全用具室、消防器材室等，无人值守变电站无值班休息室现状如图 2-1 所示。

图 2-1　无人值守变电站无值班休息室现状

2. 存在问题

（1）问题描述。无人值守变电站在设计时未考虑值班休息室、安全工器具室等房间建设，导致运维阶段房间不够用，给变电站检修、保电工作带来不便。110 kV 及以上变电站适当考虑变电站检修、保电、防灾等特殊情况的需要。

（2）依据性文件要求。《国家电网公司变电验收管理规定（试行） 第 27 分册　土建设施验收细则》中 A.1 变电站土建设施可研初设审查验收标准卡的 8 变电站内建筑物：①无人值守变电站除生产用房外，还应设有值班休息室、安全用具室、消防器材室、资料室、备餐室、卫生间，同时变电站内建筑面积和功能设置应适当考虑变电站检修、保电、防灾等特殊情况的需要。②无人值守变电站监控中心、运维站所在变电站应考虑适当增加建筑面积，满足生产和生活所需设施要求。

（3）分析解释。无人值守变电站设计时未考虑值班休息、安全工器具室等

房间建设，导致运维阶段房间不够用，给变电站检修、保电带来不便。运维站所在变电站建筑面积不足，不满足生产和生活所需设施要求。

3. 执行意见

按照《国家电网公司变电验收管理规定（试行）　第27分册　土建设施验收细则》执行：无人值守变电站除生产用房外，应设有检修间、值班休息室、安全用具室、消防器材室、资料室、备餐室、卫生间，同时110 kV及以上变电站内建筑面积和功能设置应适当考虑变电站检修、保电、防灾等特殊情况的需要。无人值守变电站监控中心、运维站所在变电站应考虑适当增加建筑面积，满足生产和生活所需设施要求。

第7条　变压器室、电容器室、蓄电池室、电缆夹层和配电室防火门的问题

1. 现状

变电站内变压器室、电容器室、蓄电池室、电缆夹层和配电室使用普通铁质门，重点防火部位未采用防火门。

2. 存在问题

（1）问题描述。部分变电站设计时未充分考虑变电站防火问题，变压器室、电容器室、蓄电池室、电缆夹层和配电室未采用防火门，防火隐患较大。

（2）依据性文件要求。

《国家电网公司变电验收管理规定（试行）　第27分册　土建设施验收细则》中A.1变电站土建设施可研初设审查验收标准卡的8变电站站内建筑物：⑤变压器室、电容器室、蓄电池室、电缆夹层和配电室的门应向外开启，当门外为公共走道或其他建筑物的房间门时，应采用非燃烧体或难燃烧体的乙级防火实体门。

GB 50229—2019《火力发电厂与变电站设计防火标准》第11.2.4条：变压器室、电容器室、蓄电池室、电缆夹层、配电装置室的门应向疏散方向开启；当门外为公共走道或其他房间时，该门应采用乙级防火门。配电室的中间隔墙上的门可采用分别向不同方向开启且宜相邻的2个乙级防火门。

（3）分析解释。部分变电站在设计阶段未按照设计规范考虑重点防火部位防火问题，导致变压器室、电容器室、蓄电池室、电缆夹层和配电室等重点防火部位的小室门未采用防火门或无防火等级标识，存在消防隐患。

3. 执行意见

按照《国家电网公司变电验收管理规定（试行）　第27分册　土建设施验收细则》执行：变压器室、电容器室、蓄电池室、电缆夹层和配电室的门应向外开启，当门外为公共走道或其他建筑物的房间门时，应采用非燃烧体或难燃烧体的乙级防火实体门。

第 8 条　变电站消防控制室门不满足防火要求的问题

1. 现状

某 750 kV 变电站消防系统主机在门卫室内，属于消防控制室，但是未采用防火门，如图 2-2 所示。

图 2-2　变电站消防控制室未采用防火门

2. 存在问题

（1）问题描述。某 750 kV 变电站消防控制室在设计时未充分考虑变电站防火要求，未采用防火门，消防隐患较大。

（2）依据性文件要求。GB 50016—2014《建筑设计防火规范（2018 年版）》第 6.2.7 条：附设在建筑内的消防控制室、灭火设备室、消防水泵房和通风调节机房、变配电室等，应采用耐火极限不低于 2.00 h 防火隔墙和 1.50 h 的楼板与其他部分分隔。通风、空气调节机房和变配电室开向建筑内的门应采用甲级防火门，消防控制室和其他设备房开向建筑内的门应采用乙级防火门。

（3）分析解释。某 750 kV 变电站在设计阶段，未考虑到消防控制室与门卫室同屋情况，未按照设计规范执行，消防控制门未采用防火门，存在消防安全隐患。

3. 执行意见

按照 GB 50016—2014《建筑设计防火规范（2018 年版）》第 6.2.7 条执行，在设计时应将消防控制室的门更换为防火门。

第 9 条　变电站建筑物内墙面问题

1. 现状

部分新建变电站建筑物内墙面存在裂缝、墙皮脱落现象。

2. 存在问题

（1）问题描述。部分变电站由于施工工艺质量问题，建筑物内墙面存在裂缝、墙皮脱落现象，雨天易进水受潮，影响设备正常运行。

（2）依据性文件要求。《国家电网公司变电验收管理规定（试行）　第27分册　土建设施验收细则》中A.4变电站土建设施竣工（预）验收标准卡的第33条：筑墙体表面平直、无裂缝。②屋面、墙面无渗水痕迹，屋面无积水。第34条：建筑物、基础、道路、电缆沟及盖板、墙面等系统性二次修饰、局部修饰或返工无明显痕迹，且无脱落、起层、掉皮等质量缺陷。

（3）分析解释。由于变电站室内建筑物工程是保护二次设备的重要建筑，一旦墙体有裂缝、墙面掉皮等现象，会造成屋面的防水能力下降，从而影响到二次设备的正常运行。

3. 执行意见

按照五通验收细则执行：

（1）建筑墙体表面平直、无裂缝。

（2）屋面、墙面无渗水痕迹，屋面无积水。

（3）建筑物、基础、道路、电缆沟及盖板、墙面等系统性二次修饰、局部修饰或返工无明显痕迹，且无脱落、起层、掉皮等质量缺陷。

第 10 条　建筑物窗台安装不规范的问题

1. 现状

变电站建筑物内、外窗台板高差错误，存在外窗台高、内窗台低的问题。

2. 存在问题

（1）问题描述。变电站控制室、主控室等建筑物由于施工质量问题，存在内外窗台板高差错误问题，其外窗台高于内窗台，会发生雨水倒灌，影响控制室等工作的正常运行。

（2）依据性文件要求。《国家电网公司输变电工程标准工艺（三）　工艺标准库（2016 年版）》中关于人造石或天然石材内窗台的要求：窗洞口抹灰时，窗台板底标高应高出室外窗台 10 mm，粉刷面平整度小于 2 mm。窗台板安装前应清理基底，保证基底的平整度。窗台板安装位置正确，割角整齐，接缝严密，平直通顺。窗台板出墙尺寸一致。窗台板的安装高度不应妨碍窗的开启，其顶面宜低于下部窗框的上口 8 ~ 10 mm。关于外窗台的要求：外窗台应低于内窗台，窗台排水坡度不应小于 3%，出墙尺寸一致。窗台板安装位置正确，割角整齐，接缝严密，平直通顺。

（3）分析解释。变电站建筑物设计阶段未考虑内外窗台问题，导致土建施工时窗台存在外高内低的问题，从而影响建筑物的防水功能。

3. 执行意见

按照《国家电网公司输变电工程标准工艺（三） 工艺标准库（2016年版）》执行。

（二）围墙

第11条　变电站征地问题

1. 现状

变电站征地未考虑挡土墙、排水沟或边坡等占地面积，如图2-3所示。

2. 存在问题

（1）问题描述。变电站征地未考虑站外挡土墙、排水沟（管）、或边坡占地面积，如330 kV HQ变电站征地时未考虑挡土墙建设用地，因土地所有权纠纷问题难以施工，变电站投入运行后排水功能受限。750 kV HLS变电站站外排水口被施工队封堵，因未征地，无法进行维权，给变电站运行带来隐患。

图2-3　变电站无挡土墙、排水沟、边坡

（2）依据性文件要求。《国家电网公司变电验收管理规定（试行） 第27分册　土建设施验收细则》中A.1变电站土建设施可研初设审查验收标准卡的1变电站选址：③变电站征地范围应为站区围墙1 m；如需设置挡土墙、排水沟或边坡时，根据挡土墙、排水沟或边坡外边缘确定征地范围；变电站围墙尽量规整，以减少边角带征地的范围。

（3）分析解释。部分变电站验收时发现，在设计考虑征地面积时，挡土墙、排水沟、站外排水口的面积未被考虑在内，防洪防汛隐患遗留至运维阶段，给安全生产带来风险。

3. 执行意见

按照《国家电网公司变电验收管理规定（试行） 第27分册　土建设施验收细则》执行：变电站征地范围应为站区围墙1 m；如需设置挡土墙、排水沟（管）或边坡时，根据挡土墙、排水沟或边坡外边缘确定征地范围，避免造成后期施工困难。

（三）场地处理

第 12 条　变电站场区严重塌陷的问题

1. 现状

新建变电站投运后，部分场区出现大面积塌陷，影响设备安全稳定运行。

2. 存在问题

（1）问题描述。隐蔽工程施工及验收后，由于排水的设计不合理，变电站投运后场区出现大面积塌陷，造成设备基础倾斜、引流线过紧等设备安全问题。

（2）依据性文件要求。《国家电网公司变电验收管理规定（试行）　第 27 分册　土建设施验收细则》中 A.4 变电站土建设施竣工（预）验收标准卡的 35 场地及排水：①满足要求，无明显沉陷现象，场地巡视及防尘措施应符合设计要求。②场地排水畅通，无积水。

（3）分析解释。变电站设计时应充分考虑排水问题，防止因排水设计不合理导致变电站场区大面积塌陷，施工过程中监理应全程跟踪并留影像资料。

3. 执行意见

按照《国家电网公司变电验收管理规定（试行）　第 27 分册　土建设施验收细则》执行：施工单位严格按照施工工艺进行施工；隐蔽工程应留有影像资料，并经监理单位质量验收合格后方可隐蔽；竣工验收时运行单位应检查隐蔽工程影像资料的完整性，并进行必要的抽检。

第 13 条　户外设备区场地区域未采用方砖进行场地硬化的问题

1. 现状

采用碎石及卵石硬化的户外设备区场地区域，如图 2-4 所示，长时间被雨水冲刷后，夹缝中极易长满杂草，除草难度高，工作量大。

图 2-4　户外设备区场地区域采用碎石、卵石硬化

2. 存在问题

（1）问题描述。碎石及卵石硬化的场地长时间被雨水冲刷后，夹缝中极易长满杂草，除草难度高，工作量大，不仅影响站容站貌，还存在较大的火灾隐患，且雨水无法及时排除，易造成地基塌陷，所以户外设备区场地区域宜采用方砖进行场地硬化，应设置灰土封闭层或水泥隔离层等，尽量避免使用碎石、卵石进行场地硬化。

（2）依据性文件要求。依据现场运行经验。

（3）分析解释。新建变电站在设计时，未对室外场地硬化提出明确要求，土建施工单位未严格执行施工工艺标准，导致变电站投运后场地维护困难。

3. 执行意见

设计单位在进行室外场地硬化设计时，应优先考虑使用方砖进行场地硬化，避免使用碎石、卵石铺设场地，便于运维人员进行日常除草工作。

（三）电缆沟、电缆竖井、电缆夹层、电缆隧道

第 14 条　动力电缆与控制电缆或通信电缆混沟的问题

1. 现状

部分变电站站用交直流动力电缆与控制电缆或通信电缆混沟敷设，未采取可靠的隔离措施。

2. 存在问题

（1）问题描述。部分变电站在设计时未充分考虑交直流电缆与控制电缆或通信电缆敷设层次，混沟后也未采取可靠的隔离措施，存在消防安全隐患。

（2）依据性文件要求。《国网设备部关于印发〈变电站（换流站）消防设备设施等完善化改造原则（试行）〉的通知》（设备变电〔2018〕15 号）第 4.2.4.4 条：动力电缆与控制电缆或通信电缆之间应进行可靠的防火隔离，可采取将动力电缆或通信电缆装入防火槽盒、包覆防火护套或插入防火隔板等隔离措施。

《十八项反措》第 5.3.2.3 条：交直流回路不得共用一根电缆，控制电缆不应与动力电缆并排铺设。对不满足要求的运行变电站，应采取加装防火隔离措施。第 16.3.1.6 条：通信光缆或电缆应避免与一次动力电缆同沟（架）布放，并完善防火阻燃和阻火分隔等各项安全措施，绑扎醒目的识别标识；如不具备条件，应采取电缆沟（竖井）内部分隔离等措施进行有效隔离。新建通信站应在设计时与全站电缆沟（架）统一规划，满足以上要求。

（3）分析解释。新建变电站设备技术规范书提报时，设计单位未对控制电缆及通信电缆敷设问题作书面要求，并作为招标附件提交，导致厂家未按照规范执行。控制电缆及通信电缆关系保护自动装置一旦着火烧毁，可能会造成保护装置失灵，扩大事故范围，甚至可能引发变电站全停。

3. 执行意见

按照《十八项反措》第 5.3.2.3 条执行，尽量避免动力电缆与控制电缆或通信电缆混沟敷设，如无法避免，应采用可靠的隔离措施。

第 15 条　220 kV 及以上变电站导引光缆未具备双沟道的问题

1. 现状

部分 220 kV 及以上变电站导引光缆同沟敷设，未配置两条独立的光缆敷设沟道。

2. 存在问题

（1）问题描述。部分 220 kV 及以上变电站设计时未充分考虑导引光缆敷设问题，未配置两条独立的光缆敷设沟道，当光缆共沟同时遭受外力破坏导致光缆同时断裂，造成全站通信业务中断。

（2）依据性文件要求。《十八项反措》第 16.3.1.4 条：县公司本部、县级及以上调度大楼、地（市）级及以上电网生产运行单位、220 kV 及以上电压等级变电站、省级及以上调度管辖范围内的发电厂（含重要新能源厂站）、通信枢纽站应具备两条及以上完全独立的光缆敷设沟道（竖井）。同一方向的多条光缆或同一传输系统不同方向的多条光缆应避免同路由敷设进入通信机房和主控室。

（3）分析解释。变电站设计阶段应按照典型配置，220 kV 及以上电压等级变电站应具备两条及以上完全独立的光缆敷设路由，配置两条独立的光缆敷设沟道。

3. 执行意见

按照《十八项反措》第 16.3.1.4 条执行：220 kV 及以上电压等级变电站应具备两条及以上完全独立的光缆敷设路由。同一方向的多条光缆或同一传输系统不同方向的多条光缆应避免同路由敷设进入通信机房和主控室。

第 16 条　充油设备附近电缆沟防火的问题

1. 现状

主变压器等充油设备附近电缆沟未采取防火延燃措施，无严密封堵。

2. 存在问题

（1）问题描述。变电站设计时，未充分考虑主变压器等充油设备附近电缆沟的防火延燃措施，充油设备着火时油火顺着电缆沟盖板流入电缆沟内，造成事故范围扩大。

（2）依据性文件要求。《国网设备部关于印发〈变电站（换流站）消防设备设施等完善化改造原则（试行）〉的通知》（设备变电〔2018〕15 号）第 4.2.4.7

条：靠近充油设备的电缆沟，应设有防火延燃措施，盖板应封堵。可采用防止变压器油流入电缆沟内的卡槽式电缆沟盖板或在普通电缆沟盖板上覆盖防火玻璃丝纤维布等措施。

DL 5027—2015《电力设备典型消防规程》第 10.5.3 条：凡穿越墙壁、楼板和电缆沟道而进入控制室、电缆夹层、控制柜及仪表盘、保护盘等处的电缆孔、洞、竖井和进入油区的电缆入口处必须用防火堵料严密封堵。发电厂的电缆沿一定长度可涂以耐火涂料或其他阻燃物质。靠近充油设备的电缆沟，应设有防火延燃措施，盖板应封堵。防火封堵应符合现行行业标准 CECS 154《建筑防火封堵应用技术规程》的有关规定。

（3）分析解释。新建变电站设备技术规范书提报时，设计单位未对充油设备附近电缆沟封堵问题作书面要求，并作为招标附件提交，导致招标时厂家未按照规范执行，不符合消防安全要求。近年来出现充油设备着火后，油火进入电缆沟造成影响进一步扩大的情况，因此充油设备附近应设有防火延燃措施，防止油火下泄造成的电缆沟电缆着火。

3. 执行意见

按照《国网设备部关于印发〈变电站（换流站）消防设备设施等完善化改造原则（试行）〉的通知》（设备变电〔2018〕15 号）执行。

第 17 条　变电站电缆层、电缆竖井和电缆隧道内防火问题

1. 现状

部分新投变电站电缆层、电缆竖井和电缆隧道内未安装固定式灭火设施。

2. 存在问题

（1）问题描述。部分新投变电站在设计时未充分考虑电缆层、电缆竖井和电缆隧道防火问题，未安装固定式灭火设施，当以上场所着火时，无法主动进行灭火，消除初期火情。

（2）依据性文件要求。《国网设备部关于印发〈变电站（换流站）消防设备设施等完善化改造原则（试行）〉的通知》（设备变电〔2018〕15 号）第 4.2.4.10条：变电站电缆层、电缆竖井和电缆隧道内应设置固定式灭火设施；电缆沟内电缆密集处、转弯处等重点部位可设置固定式自动灭火设施；固定式自动灭火设施宜采用悬挂式干粉灭火器。

DL 5027—2015《电力设备典型消防规程》第 13.7.4 条对电缆沟道内的固定式灭火设施采用的形式进行了规定，原则推荐悬挂式干粉灭火器。表 13.7.4 中规定电缆层、电缆竖井和电缆隧道（固定灭火介质及系统型式）：无人值班站可设置悬挂式超细干粉、气溶胶或火探管灭火装置。

（3）分析解释。变电站在设计阶段未完善相关的消防措施，在变电站电缆层、电缆竖井和电缆隧道未设计固定式灭火设施，电缆沟内电缆密集处、转弯处等重点部位未设计悬挂干粉灭火器，导致变电站投运后存在消防隐患。

3. 执行意见

参照《国网设备部关于印发〈变电站（换流站）消防设备设施等完善化改造原则（试行）〉的通知》（设备变电〔2018〕15号）执行。

第18条　750 kV变电站电缆夹层防火问题

1. 现状

部分750 kV变电站电缆夹层未安装温度、烟气监视报警器，防火设施缺失。

2. 存在问题

（1）问题描述。部分变电站在设计时未充分考虑电缆夹层防火问题，未安装温度、烟气监视报警器，不能确保变电站电缆夹层的温度、烟气变化处于实时监测状态，当发生异常时不能及时预警，影响电缆安全运行，不满足防止电缆火灾的要求。

（2）依据性文件要求。《十八项反措》第13.2.1.8条：变电站夹层宜安装温度、烟气监视报警器，重要的电缆隧道应安装火灾探测报警装置，并应定期检测。

（3）分析解释。部分750 kV变电站设计阶段未考虑电缆夹层防止电缆火灾的要求，未安装温度、烟气监视报警器。750 kV变电站为少人值守，一旦发生火灾事故，温度、烟气监视报警器主动报警，运维人员可以快速响应，主动消除初期火灾，防止火势蔓延、扩大事故范围。

3. 执行意见

按照《十八项反措》13.2.1.8条执行，变电站夹层宜安装温度、烟气监视报警器，重要的电缆隧道应安装火灾探测报警装置，并应定期检测。750 kV变电站强制执行。

第19条　变电站电缆夹层通风问题

1. 现状

部分变电站电缆夹层未安装通风装置并设透气口，属于密闭空间。

2. 存在问题

（1）问题描述。部分变电站设计时未充分考虑电缆夹层通风问题，未安装通风装置及透气口，密闭空间内通风不畅，工作前不能进行强制通风，不满足有限空间作业"先通风、再检测，后作业"的要求，存在人员进入含氧量不足或存在有毒气体空间内引起窒息的安全隐患。

（2）依据性文件要求。《十八项反措》第1.1.2.8条：对于有限空间作业，必须严格执行作业审批制度，有限空间作业的现场负责人、监护人员、作业人员和应急救援人员应经专项培训。监护人员应持有限空间作业证上岗；作业人员应遵循先通风、再检测、后作业的原则。作业现场应配备应急救援装备，严禁盲目施救。

《国家电网公司变电验收管理规定（试行） 第26分册　辅助设施验收细则》中 A.1 辅助设施可研初设审查验收标准卡的 5 机械通风系统：GIS 设备室、开关室、电容器室、地下电缆层等具有通风装置，变电站顶层设备室的通风装置出风口位置不能位于设备上方。

（3）分析解释。变电站电缆夹层属于有限空间，本身自然通风不畅，部分变电站电缆夹层未安装通风装置及透气口，工作前不能进行强制通风，不满足有限空间作业"先通风、再检测，后作业"的要求，存在人员进入含氧量不足或存在有毒气体空间引起窒息的安全隐患。

3. 执行意见

按照《国家电网公司变电验收管理规定（试行） 第 26 分册　辅助设施验收细则》执行，地下电缆层应安装通风装置并设透气口。

第 20 条　设备区间隔电缆支沟未做防火封堵的问题

1. 现状

部分变电站设备区间隔主沟均按要求进行防火封堵，未在电缆支沟做防火封堵。

2. 存在问题

（1）问题描述。部分变电站设计时未充分考虑电缆支沟防火问题，电缆支沟未做防火封堵，消防隐患依旧存在。

（2）依据性文件要求。GB/T 50217—2018《电力工程电缆设计标准》第 7.0.2 条第 2 款规定，在电缆沟、隧道及架空桥架中的下列部位，宜设置防火墙或阻火段：①公用电缆沟、隧道及架空桥架主通道的分支处。②多段配电装置对应的电缆沟、隧道分段处。③长距离电缆沟、隧道及架空桥架相隔约 100 m 处，或隧道通风区段处，厂、站外相隔约 200 m 处。④电缆沟、隧道及架空桥架至控制室或配电装置的入口、厂区围墙处。

DL/T 5221—2016《城市电力电缆线路设计技术规定》第 9.4.1 条阻火分隔封堵：①电缆隧道、电缆沟和竖井内除应符合第 9.3.2 条的规定外，在电缆竖井穿越楼板处、竖井和隧道或电缆沟（桥架）接口处，应采用防火包等材料封堵。②阻火分隔包括设置防火门、防火墙、耐火隔板与封闭式耐火槽盒。防火门、防火墙用于电缆隧道、电缆沟、电缆桥架以及上述通道分支处及出入口。耐火隔板用于电缆竖井和电缆层中电缆分隔。

（3）分析解释。GB 50217—2018《电力工程电缆设计标准》规定在隧道或重要回路的电缆沟中四种宜设置防火墙的情况，规定更全面；而 DL/T 5221—2016《城市电力电缆线路设计技术规定》对电缆沟、电缆桥架和电缆隧道中防火墙的设置给出了具体的间隔要求。

3. 执行意见

按照 GB 50217—2018《电力工程电缆设计标准》第 7.0.2 条第 2 款执行：在隧道或重要回路的电缆沟中公用主沟道的分支处设置阻火墙（防火墙）。

第 21 条 220 kV 及以上变电站未具备双沟道的问题

1. 现状

部分 220 kV 及以上变电站光缆共沟敷设，未配置两条独立的光缆敷设沟道。

2. 存在问题

（1）问题描述。部分 220 kV 及以上变电站设计时未充分考虑光缆敷设问题，未配置两条独立的光缆敷设沟道，当光缆共沟同时遭受外力破坏导致光缆同时断裂，造成全站通信业务中断。

（2）依据性文件要求。《十八项反措》第 16.3.1.4 条：县公司本部、县级及以上调度大楼、地（市）级及以上电网生产运行单位、220 kV 及以上电压等级变电站、省级及以上调度管辖范围内的发电厂（含重要新能源厂站）、通信枢纽站应具备两条及以上完全独立的光缆敷设沟道（竖井）。同一方向的多条光缆或同一传输系统不同方向的多条光缆应避免同路由敷设进入通信机房和主控室。

（3）分析解释。220 kV 及以上电压等级变电站应具备两条及以上完全独立的光缆敷设路由。同一方向的多条光缆或同一传输系统不同方向的多条光缆应避免同路由敷设进入通信机房和主控室。

3. 执行意见

按照《十八项反措》第 16.3.1.4 条执行，220 kV 及以上电压等级变电站应具备两条及以上完全独立的光缆敷设沟道（竖井）。

三、电气一次

（一）主接线

第 22 条 GIS 设备母线没有按照终期一次性建设完成的问题

1. 现状

GL、JG 等 4 座变电站终期设计规模为双母线双分段接线方式，如图 3–1

所示，投产时未按终期规模将两个母联、两个分段间隔相关一、二次设备全部
投运。

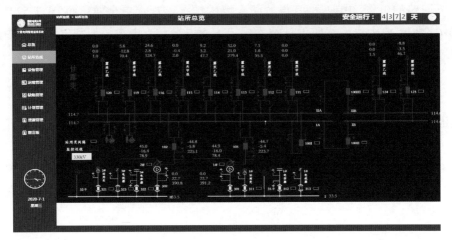

图 3-1　GIS 设备母线接线图

2. 存在问题

（1）问题描述。在这种情况下变电站投入运行后，后期进行 110 kV 线路扩
建按终期双母双分段方式改造时，则需将所有 110 kV 间隔停电。

（2）依据性文件要求。《十八项反措》第 5.1.1.3 条：新建 220 kV 及以上电
压等级双母分段接线方式的 GIS，当本期进线元件数达到 4 回及以上时，投产
时应将母联及分段间隔相关一、二次设备全部投运。根据电网结构的变化，应
满足变电站设备的短路容量约束。第 12.2.1.7 条：同一分段的同侧 GIS 母线原
则上一次建成。如计划扩建母线，宜在扩建接口处预装可拆卸导体的独立隔室；
如计划扩建出线间隔，应将母线隔离开关、接地开关与就地工作电源一次上全。
预留间隔气室应加装密度继电器并接入监控系统。

（3）分析解释。终期为双母线双分段接线方式设计的变电站，投产时如果
未按终期规模将两个母联、两个分段间隔相关一、二次设备全部投运，后期母
联、分段扩建时变电站长期单母线方式运行增大变电站全停风险，甚至需要该
电压等级系统全停配合安装、试验。

3. 执行意见

按照《十八项反措》第 5.1.1.3 条执行：终期为双母线双分段接线方式设
计的变电站，投产时应按终期规模将两个母联、两个分段间隔相关一、二次
设备全部投运，防止母联、分段扩建时变电站长期单母线方式运行增大全停
风险。

第23条　避免母联死区或同侧母线故障导致 330 kV 变电站全站失压的问题

1. 现状

750 kV LPS 变电站是固原地区最主要的电源点，330 kV 设备采用 GIS、双母双分段接线方式，如图 3-2 所示，至 QSH、GY、LY 变电站各两回线分别接入同一侧分段母线中。750 kV HLS 变电站、330 kV GL 变电站等均存在类似问题。

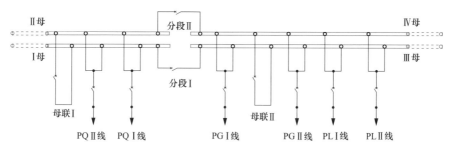

图 3-2　双母双分段接线图

2. 存在问题

（1）问题描述。采用此种接线方式时，当中压侧发生母联死区或一条母线检修后发生线路越级、母线故障时，会造成同侧母线跳闸，导致一至两座中压侧接入的变电站全停。

（2）依据性文件要求。依据现场运行习惯及检修经验提出。

（3）分析解释。变电站双回线接于电源点同一侧分段母线，当发生母联死区或一条母线检修后发生线路越级、母线故障时，会造成同侧母线跳闸，导致变电站全停。

3. 执行意见

新建变电站设计时要避免双回线接于电源点同一侧分段母线，避免发生母联死区或一条母线检修后发生线路越级、母线故障时，会造成同侧母线跳闸，导致变电站全停。

（二）主变压器

第24条　变压器本体储油柜与气体继电器之间设置断流阀的问题

1. 现状

部分未采用排油注氮保护装置的变压器，其本体储油柜与气体继电器之间设置了断流阀。

2. 存在问题

（1）问题描述。断流阀没有油流速度的动作值规定，也没有检验标准及检测设备，且断流阀为铸铝材料，运行中容易发生渗漏，会加大设备安全风险。

（2）依据性文件要求。Q/GDW 11306—2014《110（66）～ 1000 kV 油浸式电力变压器技术条件》第 6.2.2 条：330 kV 及以上变压器储油柜与主油箱之间应设置断流阀。

《十八项反措》第 9.8.4 条：装有排油注氮装置的变压器本体储油柜与气体继电器应装设断流阀，以防因储油柜中的油下泄而致使火灾扩大。

《国家电网公司变电评价管理规定（试行） 第 1 分册 油浸式变压器（电抗器）精益化评价细则》第 53 条：采用排油注氮保护装置的变压器，本体储油柜与气体继电器间应设断流阀。

（3）分析解释。《十八项反措》第 9.8.4 条对断流阀的要求，与《国家电网公司变电评价管理规定（试行） 第 1 分册 油浸式变压器（电抗器）精益化评价细则》的要求一致，均针对排油注氮自动灭火装置。设置断流阀的目的是防止储油柜中的油下泄从而造成火灾扩大。但断流阀需要与排油注氮保护装置发出动作信号才能动作，同时变压器若采用其他自动灭火装置，如采用泡沫及水喷淋的变压器自动灭火装置，动作后无需排油，短时间内油流不会下泄，无需设置断流阀。

3. 执行意见

按《十八项反措》第 9.8.4 条执行，采用排油注氮保护装置的变压器，本体储油柜与气体继电器间应设断流阀。

第 25 条 主变压器、高压电抗器中性点接地部位未设置防护措施的问题

1. 现状

部分主变压器、高压电抗器中性点接地部位在设备运行过程中属带电体，但未设置防护措施。

2. 存在问题

（1）问题描述。部分主变压器、高压电抗器中性点接地部位无防护措施，运维检修人员在对中性点进行巡视检查过程中有触电风险。

（2）依据性文件要求。《国家电网公司关于印发〈国家电网公司输变电工程质量通病防治工作要求及技术措施〉的通知》（基建质量〔2010〕19 号）第三十九条：对于主变压器、高压电抗器中性点接地部位应按绝缘等级增加防护措施。

Q/GDW 1799.1—2013《电力安全工作规程 变电部分》第 5.1.10 条：运行中的高压设备，其中性点接地系统的中性点应视作带电体。

《十八项反措》第 14.1.1.4 条：变压器中性点应有两根与地网主网格的不同

边连接的接地引下线，并且每根接地引下线均应符合热稳定校核的要求。

（3）分析解释。工程中主变压器、高压电抗器中性点一般直接接地或通过中性点设备（小电抗或隔直设备等）接地。对于直接接地的中性点，其电位虽然为零，但运行过程中流有电流。当系统发生非对称短路接地故障时，中性点流经电流达千安级。因此，从安全角度考虑，需增加防护措施。

3. 执行意见

按《国家电网公司输变电工程质量通病防治工作要求及技术措施》第三十九条执行，中性点接地部位应按绝缘等级增加防护措施。

第 26 条　变压器事故油池铺设鹅卵石后未增加上格栅的问题

1. 现状

部分变压器事故油池设置下格栅，铺设卵石层，但是未在卵石层铺设上格栅。

2. 存在问题

（1）问题描述。变压器事故油池未铺设上格栅，事故油池中的鹅卵石接触面较为光滑，无法放置检修梯凳，不利于检修工作开展，且人员行走时（尤其冬季积雪结冰时）容易滑倒。

（2）依据性文件要求。依据现场运行习惯及检修经验提出。

（3）分析解释。设计人员依据基建典型工艺对变压器事故油池设置下格栅，铺设卵石层，但未铺设上格栅，从安全角度考虑，应铺设上格栅。

3. 执行意见

按照运行单位要求，设计单位在设计主变压器事故油池时应考虑铺设卵石层，其厚度不小于 250 mm 的，卵石直径应为 50 ~ 80 mm，并设置上、下格栅。

第 27 条　变压器油试验报告不全的问题

1. 现状

厂家未能提供变压器新油腐蚀性硫、结构簇、糠醛及油中颗粒度报告。

2. 存在问题

（1）问题描述。110 kV 油浸式电力变压器采购标准对变压器油试验项目的要求不详细，导致厂家未能按要求提供相应试验报告，在历年精益化评价问题中反复提出。

（2）依据性文件要求。Q/GDW 13007.1—2018《110 kV 油浸式电力变压器采购标准　第 1 部分：通用技术规范》中表 2 的变压器油试验报告。

《十八项反措》第 9.2.2.5 条：变压器新油应由厂家提供新油腐蚀性硫、结构簇、糠醛及油中颗粒度报告。

（3）分析解释。《十八项反措》对变压器油的试验项目要求更明确，根据试验报告，更容易确认为新油。

3. 执行意见

按照《十八项反措》第9.2.2.3条执行：变压器新油应由厂家提供新油腐蚀性硫、结构簇、糠醛及油中颗粒度报告。

第28条 变压器铁心、夹件接地未引出至油箱外

1. 现状

部分变压器铁心、夹件未按照要求引出至油箱外，不便于铁心、夹件电流测量。

2. 存在问题

（1）问题描述。变压器（电抗器）在正常运行时，绕组周围存在电场，而铁心、夹件等其他金属构件均处于该电场中且具有不同的电位。若铁心不可靠接地，当两点电位差达到能够击穿两者之间绝缘时，会发生断续火花放电而损坏变压器内部固体及油绝缘，从而导致事故发生。

（2）依据性文件要求。《十八项反措》第9.2.3.4条：铁心、夹件分别引出接地的变压器，应将接地引线引至便于测量的适当位置，以便在运行时监测接地线中是否有环流。

Q/GDW 11306—2014《110（66）～1000 kV 油浸式电力变压器技术条件》第6.1.4.3条：铁心和夹件应分别与油箱绝缘，接地铜排的布置位置应方便现场测试。铁心和夹件接地应分别用10 kV套管及绝缘子引至变压器下部合适位置可靠接地，接地铜排至套管端子应采用软导线连接，下端引至距箱体下法兰以上200 mm（或油箱底部500 mm）处，并在下油箱对应处设置接地端子。

DL/T 272—2012《220 kV～750 kV 油浸式电力变压器使用技术条件》第5.4.6条：铁心和夹件应分别与油箱绝缘，接地引线应引出油箱外。

Q/GDW 13013.1—2018《750 kV 油浸式电力变压器采购标准 第1部分：通用技术规范》第5.1.3条接地要求如下：铁心、夹件的接地引下线应分别引出油箱下部接地。

（3）分析解释。为防止变压器铁心、夹件多点接地，要求运行过程中变压器铁心、夹件须一点接地。如果由于某种原因造成铁心、夹件悬浮，则在交变的磁场中，有可能导致局部放电的发生。因此，若铁心、夹件未分别引出接地，运维检修人员不能及时监测接地电流变化，会导致变压器故障。

3. 执行意见

按《十八项反措》第9.2.3.4条执行：铁心、夹件分别引出接地的变压器，

应将接地引线引至便于测量的适当位置，以便在运行时监测接地线中是否有环流。

第 29 条　变压器未提供突发短路能力报告的问题

1. 现状

变压器制造厂提供的技术文件缺失，未提供同类产品突发短路试验报告或抗短路能力计算报告。

2. 存在问题

（1）问题描述。在电网快速发展的同时，系统短路容量不断增加，变压器抗短路能力不足问题十分突出，若未进行突发短路试验或抗短路能力试验，会给设备安全稳定运行带来隐患。

（2）依据性文件要求。Q/GDW 13007.1—2018《110 kV 油浸式电力变压器采购标准　第 1 部分：通用技术规范》（含各电压等级）中表 2 的技术参数项目，即卖方向买方提供的试验报告，订货条件内容：变压器型式试验和特殊试验报告（含短路承受能力试验报告）。

《十八项反措》第 9.1.1 条：240 MVA 及以下容量变压器，制造厂应提供同类产品突发短路试验报告；500 kV 变压器和 240 MVA 以上容量变压器，制造厂应提供同类产品突发短路试验报告或抗短路能力计算报告，计算报告应有相关理论和模型试验的技术支持。

（3）分析解释。国内的短路承受能力试验水平不断提升，已具备更大容量、更高电压等级的变压器试验能力，对大容量变压器的试验提出了更高要求。

3. 执行意见

按照《十八项反措》第 9.1.1 条执行：240 MVA 及以下容量变压器，制造厂应提供同类产品突发短路试验报告；500 kV 变压器和 240 MVA 以上容量变压器，制造厂应提供同类产品突发短路试验报告或抗短路能力计算报告，计算报告应有相关理论和模型试验的技术支持。

第 30 条　变压器未进行长时感应电压试验（带局部放电测量）的问题

1. 现状

对于电压等级为 110 kV 的新建变压器，只有当对绝缘有怀疑时，才进行局部放电试验。

2. 存在问题

（1）问题描述。110（66）kV 及以上变压器在安装过程中，未进行现场局部放电试验，若变压器投运后出现内部绝缘缺陷，将导致变压器故障停运。

（2）依据性文件要求。GB 50150—2016《电气装置安装工程 电气设备交接试验标准》第 8.0.14 条规定，绕组连同套管的长时感应电压试验带局部放电测量（ACLD），应符合下列规定：电压等级 220 kV 及以上变压器在新安装时，应进行现场局部放电试验。电压等级为 110 kV 的变压器，当对绝缘有怀疑时，应进行局部放电试验。

《十八项反措》第 9.2.2.7 条：110（66）kV 及以上变压器在新安装时，应进行现场局部放电试验。

（3）分析解释。对变压器现场进行长时感应耐压和局部放电有助于发现变压器内部绝缘缺陷，而且现场试验并不乏发现问题的情况。

3. 执行意见

按照《十八项反措》第 9.2.2.7 条执行：110（66）kV 及以上变压器在新安装时，应进行现场局部放电试验。

第 31 条 变压器绕组变形试验项目不统一的问题

1. 现状

针对电压等级不同，分别采用低电压短路阻抗法和频响法两种方法进行试验，未同时采用两种方法进行综合分析。

2. 存在问题

（1）问题描述。变压器绕组变形试验项目采用一种试验方法，容易对试验数据发生误判。

（2）依据性文件要求。GB 50150—2016《电气装置安装工程 电气设备交接试验标准》第 8.0.12 条要求变压器绕组变形试验，应符合下列规定：对于 35 kV 及以下电压等级变压器，宜采用低电压短路阻抗法；对于 110（66）kV 及以上电压等级变压器，宜采用频率响应法测量绕组特征图谱。

《十八项反措》第 9.2.2.6 条：110（66）kV 及以上变压器，在投产前，应用频响法和低电压短路阻抗法测试绕组变形以留原始记录。

（3）分析解释。短路阻抗法和频率响应法分别采用不同原理来反应绕组变形状况，两种方法互有侧重，相互补充。两种方法对绕组变形情况均有一定的反应，但又有各自的局限性。为了避免产生误判断，现场进行绕组变形试验时，两种方法均要采用，并对所得试验数据进行综合分析。

3. 执行意见

110 kV 及以上变压器按照《十八项反措》第 9.2.2.6 条执行：应用频响法和低电压短路阻抗法两种方法同时进行绕组变形测试。35 kV 以下变压器参照 GB 50150—2016《电气装置安装工程 电气设备交接试验标准》执行。

第 32 条　气体继电器管道坡度不足的问题

1. 现状

部分变压器通向气体继电器的管道坡度不足，甚至有负坡度出现。

2. 存在问题

（1）问题描述。变压器通向气体继电器的管道坡度不足，易发生气体继电器内部气体聚集，引发变压器跳闸故障。

（2）依据性文件要求。Q/GDW 11306—2014《110（66）～1000 kV 油浸式电力变压器技术条件》第 6.2.2 条（b）要求：通向气体继电器的管道应有 1.5% 的坡度。

GB 50148—2010《电气装置安装工程　电力变压器、油浸电抗器、互感器施工及验收规范》第 4.1.9 条要求：装有气体继电器的变压器、电抗器，除制造厂规定不需要设置安装坡度外，应使其顶盖沿气体继电器气流方向有 1%～1.5% 的升高坡度。

《国家电网公司变电验收通用管理规定　第 1 分册　油浸式变压器（电抗器）验收细则》中 A.10 变压器中间验收（组部件安装）标准卡的 10 储油柜安装：④气体继电器联管在储油柜端稍高，朝储油柜方向有 1.5%～2% 升高坡度。

（3）分析解释。为了防止运行中变压器储存气体，同时在变压器故障时，气体能够迅速可靠进入继电器，确保气体继电器正确动作，通向气体继电器的管道应有一定坡度，但此坡度不宜过大，如果过大，需要克服挡板自身重力，会影响气体继电器可靠动作。

3. 执行意见

按《国家电网公司变电验收通用管理规定　第 1 分册　油浸式变压器（电抗器）验收细则》执行：气体继电器联管在储油柜端稍高，朝储油柜方向有 1.5%～2% 升高坡度。

第 33 条　变压器非电量保护装置防雨罩过小的问题

1. 现状

变压器气体继电器（本体、有载开关）、油流继电器、温度计、油位计装设防雨罩尺寸过小，不能满足相应防雨的要求。

2. 存在问题

（1）问题描述。变压器非电量保护装置防雨罩尺寸过小，变压器运行过程中会发生直流接地或误报信号等问题，严重影响变压器运行。

（2）依据性文件要求。《十八项反措》第 9.3.2.1 条：户外布置变压器的气体继电器、油流速动继电器、温度计、油位表应加装防雨罩，并加强与其相连的二次电缆结合部的防雨措施，二次电缆应采取防止雨水顺电缆倒灌的措施（如反水弯）。

《国家电网公司变电验收通用管理规定 第1分册 油浸式变压器（电抗器）验收细则》中 A.3 的 2 防雨罩：户外变压器的气体继电器（本体、有载开关）、油流速动继电器、温度计均应装设防雨罩，继电器本体及二次电缆进线 50 mm 应被遮蔽，45° 向下雨水不能直淋。

（3）分析解释。《国家电网公司变电验收通用管理规定 第1分册 油浸式变压器（电抗器）验收细则》明确了防雨罩具体尺寸，更加规范，能有效地防止继电器进水造成的继电器误动及直流接地。

4. 执行意见

按照《国家电网公司变电验收通用管理规定 第1分册 油浸式变压器（电抗器）验收细则》执行：户外变压器的气体继电器（本体、有载开关）、油流速动继电器、温度计均应装设防雨罩，继电器本体及二次电缆进线 50 mm 应被遮蔽，45° 向下雨水不能直淋。

第 34 条 变压器本体未采用双浮球带挡板结构气体继电器的问题

1. 现状

部分变压器未采用双浮球带挡板的气体继电器，如图 3-3 所示，且不满足两个重瓦斯、一个轻瓦斯接点要求。

2. 存在问题

（1）问题描述。若变压器未采用双浮球带挡板的气体继电器，当变压器发生严重漏油事件，运检人员不能及时到达现场（尤其是无人值班变电站）时，易发生变压器烧损事故。

330kV HY 变电站主变压器气体继电器为单浮球式，轻瓦斯信号需放油才能发出，且气体继电器油放完后无重瓦斯信号

图 3-3 单浮球气体继电器

（2）依据性文件要求。《十八项反措》第 9.3.1.2 条：220 kV 及以上变压器本体应采用双浮球并带挡板结构的气体继电器。第 9.8.1 条：采用排油注氮保护装置的变压器，应配置具有联动功能的双浮球结构的气体继电器。

《国家电网公司变电验收通用管理规定 第1分册 油浸式变压器（电抗器）验收细则》针对 35 kV~1000 kV 规定：②气体继电器应具备两付重瓦斯和一付轻瓦斯接点；③采取排油注氮保护装置变压器应采用具有联动功能的双浮球结构的气体继电器。

（3）分析解释。《国家电网公司变电验收通用管理规定 第1分册 油浸式变压器（电抗器）验收细则》明确了气体继电器的接点要求，即两个重瓦斯、一个轻瓦斯接点，反映①气体积累故障：在绝缘液中有自由气体。液体中的气体上升，聚集在气体继电器内并挤压绝缘液。随着液面的下降，上浮子也一同下降，轻瓦斯接点动作启动报警信号。但下浮子不受影响，因为一定量的气体是可以通过管道向储液罐流动。②气体累积绝缘液流失故障：由于渗漏造成绝缘液流失。随着液体水平面的下降，上浮子也同时下沉，此时发出报警信号。当液体继续流失，储液罐、管道和气体继电器被排空。随着液体水平面的下降，下浮子下沉。通过浮子的运动，带动一个重瓦斯接点动作，变压器跳闸。③绝缘液故障：由于一个突发性的不寻常事件，产生了向储液罐方向运动的压力波流。压力波流冲击安装在流动液体中的挡板，压力波流的流速超过挡板的动作灵敏度，挡板顺压力波流的方向运动，重瓦斯接点动作，变压器跳闸。

3. 执行意见

按《十八项反措》第9.3.1.2条执行：新投变压器应采用双浮球带挡板的气体继电器，且应满足配置两个重瓦斯、一个轻瓦斯接点的要求。采取排油注氮保护装置变压器应采用具有联动功能的双浮球结构的气体继电器。

第35条　变压器油灭弧有载分接开关气体继电器选型问题

1. 现状

部分变压器油灭弧有载分接开关采用具有气体报警（轻瓦斯）功能的气体继电器，如图3-4所示。

2. 存在问题

（1）问题描述。油灭弧有载分接开关若采用具有气体报警（轻瓦斯）功能的气体继电器，运行过程中变压器会频繁告警，甚至跳闸。

图3-4　具有气体报警（轻瓦斯）功能的气体继电器

（2）依据性文件要求。《十八项反措》第9.3.1.1条：油灭弧有载分接开关应选用油流速动继电器，不应采用具有气体报警（轻瓦斯）功能的气体继电器；真空灭弧有载分接开关应选用具有油流速动、气体报警（轻瓦斯）功能的气体继电器。

（3）分析解释。《十八项反措》明确了油灭弧有载分接开关在切换过程中会产生瓦斯气体，若接轻瓦斯将导致有载分接开关频繁报警，所以该类型有载分接开关仅具备油流速动跳闸即可。真空灭弧有载分接开关正常熄弧过程中不产生瓦斯气体，一旦出现气体说明真空泡已损坏或动作切换顺序存在异常，所以气体报警能反映这类故障。

3. 执行意见

按《十八项反措》第 9.3.1.1 条执行：新投变压器油灭弧有载分接开关应采用油流速动继电器。真空灭弧有载分接开关应选用具有油流速动、气体报警（轻瓦斯）功能的气体继电器。新安装的真空灭弧有载分接开关，宜选用具有集气盒的气体继电器。

第 36 条　变压器气体继电器未安装采气盒的问题

1. 现状

部分新投变压器本体、有载分接开关气体继电器未安装采气盒，需停电采气。

2. 存在问题

（1）问题描述。新投变压器本体、有载气体继电器若未安装采气盒，在运行过程中，当气体继电器有气体聚积时，不满足不停电取样的要求，存在人身、设备安全风险。

（2）依据性文件要求。《十八项反措》第 9.3.3.2 条：不宜从运行中的变压器气体继电器取气阀直接取气；未安装气体继电器采气盒的，宜结合变压器停电检修加装采气盒，采气盒应安装在便于取气的位置。

（3）分析解释。《十八项反措》第 9.3.2.2 条：如果从运行中的变压器气体继电器取气阀直接取气，存在两种风险，一是引发人身安全事故；二是误碰探针，造成气体保护（瓦斯保护）跳闸。为避免风险，运行中的变压器应从气体继电器的地面采气盒取气，未安装采气盒的应进行加装。

3. 执行意见

按《十八项反措》第 9.3.2.2 条执行：新投变压器在生产制造阶段，在变压器附件的选材上，应选用带有采气盒的气体继电器，且采气盒的安装位置应便于运行中进行排气、采样。

第 37 条　变压器保护启动风冷返回系数不一致的问题

1. 现状

变压器保护启动风冷返回系数不一致，部分变压器取 0.85 ~ 0.9，部分变压器取 0.7。

2. 存在问题

（1）问题描述。变压器保护启动风冷返回系数不一致，易引发风冷系统故障，变压器跳闸。

（2）依据性文件要求。DL/T 770—2012《变压器保护装置通用技术条件》第 4.10.19 条 b）返回系数：0.85 ~ 0.9。

Q/GDW 1767—2015《10 kV ~ 110（66）kV 元件保护及辅助装置标准化设计规范》第 6.3.3 条：g）启动风冷，设置一段 1 时限，返回系数固定为 0.7。

（3）分析解释。返回系数较高时，会导致变压器风冷设备在故障电流波动时反复启停；返回系数取 0.7 时，能确保变压器风冷设备可靠启动。

3. 执行意见

按照 Q/GDW 1767—2015《10 kV ~ 110（66）kV 元件保护及辅助装置标准化设计规范》执行：g）启动风冷，设置一段 1 时限，返回系数固定为 0.7。

第 38 条 变压器中、低压侧电缆选型问题

1. 现状

部分 35 kV 及以上变压器中、低压侧采用三相统包电缆。

2. 存在问题

（1）问题描述。部分 35 kV 及以上变压器设计时未考虑三相统包相间短路问题，中、低压侧采用三相统包电缆易发生相间短路，导致变压器发生出口短路故障。

（2）依据性文件要求。Q/GDW 13007.1—2018《110 kV 油浸式电力变压器采购标准 第 1 部分：通用技术规范》中对电缆没有明确要求。

《十八项反措》第 9.1.5 条：变压器中、低压侧至配电装置采用电缆连接时，应采用单芯电缆；运行中的三相统包电缆，应结合全寿命周期及运行情况进行逐步改造。

（3）分析解释。单芯电缆故障率低，只能发生单相接地故障，但更换快速方便；三相统包电缆故障率高，还会经常发生相间短路故障，对变压器冲击较大。

3. 执行意见

按照《十八项反措》第 9.1.5 条执行：变压器中、低压侧至配电装置采用电缆连接时，应采用单芯电缆。

第 39 条 220 kV 及以下主变压器中（低）压侧引线绝缘化问题

1. 现状

220 kV 及以下主变压器的 6 ~ 35 kV 中（低）压侧引线、户外母线（不含架空软导线型式）及接线端子没有进行绝缘化。

2. 存在问题

（1）问题描述。220 kV 及以下主变压器的 6 ~ 35 kV 中（低）压侧引线、

户外母线（不含架空软导线型式）及接线端子若不绝缘化，易发生变压器近区短路故障。

（2）依据性文件要求。《十八项反措》第9.1.4条：220 kV 及以下主变压器的6～35 kV 中（低）压侧引线、户外母线（不含架空软导线型式）及接线端子应绝缘化。

（3）分析解释。220 kV 及以下主变压器的6～35 kV 中（低）压侧引线、户外母线相间距离较小（35 kV 约为 400 mm, 10 kV 约为 200 mm），小动物、龙门架上鸟窝树枝落入引流线上，致使中（低）压侧引线发生相间短路故障，对变压器冲击较大。

3. 执行意见

按《十八项反措》第9.1.4条执行：220 kV 及以下主变压器的6～35 kV 中（低）压侧引线、户外母线（不含架空软导线型式）及接线端子应绝缘化。

第 40 条　变压器套管接线端子未使用抱箍线夹的问题

1. 现状

35～110 kV 变压器套管接线端子使用普通抱箍线夹，如图 3-5 所示。

2. 存在问题

（1）问题描述。变压器套管接线端若不使用专用抱箍线夹，易引发变压器漏油等事件。

（2）依据性文件要求。Q/GDW 13007.1—2018《油浸式电力变压器采购标准　第 1 部分：通用技术规范》中对套管接线端子没有明确要求。

图 3-5　接线端子使用普通抱箍线夹

《国家电网公司变电验收通用管理规定　第1分册　油浸式变压器（电抗器）验收细则》中对套管接线端子没有明确要求。

《十八项反措》第9.5.3条：110（66）kV 及以上电压等级变压器套管接线端子（抱箍线夹）应采用 T2 纯铜材质热挤压成型。禁止采用黄铜材质或铸造成型的抱箍线夹。

（3）分析解释。35～110 kV 变压器套管接线端采用黄铜材质抱箍线夹，或者没有使用抱箍线夹。黄铜材质抱箍线夹长时间使用会出现断裂的情况，没有使用抱箍线夹的变压器在检修时悬挂接地线会造成套管渗漏油的情况。

3. 执行意见

按《十八项反措》第 9.5.3 条执行：110（66）kV 及以上电压等级变压器套管接线端子（抱箍线夹）应采用 T2 纯铜材质热挤压成型。禁止采用黄铜材质或铸造成型的抱箍线夹。

第 41 条　主变压器本体及有载调压呼吸器采用非透明呼吸器的问题

1. 现状

主变压器本体及有载调压呼吸器为非透明呼吸器，如图 3-6 所示，无法观察硅胶自上而下变色及硅胶变色程度。

2. 存在问题

（1）问题描述。主变压器本体及有载调压呼吸器为非透明呼吸器，硅胶变色失去吸收空气中水分的作用，一旦因观察不到硅胶变色而未及时更换硅胶，储油柜胶囊就会受潮老化，易导致变压器故障。

（2）依据性文件要求。《国家电网公司变电验收通用管理规定　第 1 分册　油浸式变压器（电抗器）验收细则》：主变压器吸湿器密封良好，无裂纹，吸湿剂干燥、自上而下无变色，在顶盖下应留出 1/5 ~ 1/6 高度的空隙，在 2/3 位置处应有标示。

图 3-6　非透明呼吸器

（3）分析解释。变压器呼吸器的硅胶变色程度对变压器安全稳定运行有着重大影响，若不能正确观测会导致变压器的故障发生。

3. 执行意见

按照《国家电网公司变电验收通用管理规定　第 1 分册　油浸式变压器（电抗器）验收细则》执行：主变压器吸湿器密封良好，无裂纹，应能观察到吸湿剂干燥、自上而下无变色，在顶盖下应留出 1/5 ~ 1/6 高度的空隙，在 2/3 位置处应有标示。

第 42 条　主变压器套管油位无法观测的问题

1. 现状

部分新投主变压器套管安装方向未朝向巡视通道，或均压环遮挡套管油位表。

2. 存在问题

（1）问题描述。部分新投主变压器设计时未考虑套设备运行过程中需对套管油位进行巡视问题，主变压器套管因安装方向或均压环遮挡而看不见油位，不能及时发现套管油位的异常变化。

（2）依据性文件要求。《国家电网公司变电评价管理规定（试行） 第 1 分册 油浸式变压器（电抗器）精益化评价细则》：主变压器套管油位应正常，油位计就地指示应清晰，便于观察，油套管垂直安装油在 1/2 以上（非满油位），倾斜 15° 安装应高于 2/3 至满油位。

《十八项反措》第 8.2.3.3 条：应定期对换流变压器及油浸式平波电抗器本体及套管油位进行监视。若油位有异常变动，应结合红外测温、渗油等情况及时判断处理。

（3）分析解释。变压器套管是变压器重要部件，若不能正确观测套管油位，当套管发生内漏时，套管内部将受潮损坏，从而导致变压器故障。

3. 执行意见

按照《国家电网公司变电评价管理规定（试行） 第 1 分册 油浸式变压器（电抗器）精益化评价细则》执行：主变压器套管油位应正常，油位计就地指示应清晰，便于观察，油套管垂直安装油位在 1/2 以上（非满油位），倾斜 15° 安装应高于 2/3 至满油位。

第 43 条 主变压器中性点加装直流偏磁装置的问题

1. 现状

建设在换流变压器接地极 50 km 附近的主变压器中性点未加装直流偏磁装置。

2. 存在问题

（1）问题描述。换流变压器接地极 50 km 附近的主变压器受接地极入地电流影响较大，直流偏磁严重影响中性点接地变压器安全稳定运行。

（2）依据性文件要求。《十八项反措》第 9.2.1.5 条：有中性点接地要求的变压器应在规划阶段提出直流偏磁抑制需求，在接地极 50 km 内的中性点接地运行变压器应重点关注直流偏磁情况。

（3）分析解释。中性点有接地要求的变压器均应在设计阶段开展直流偏磁分析，并提出相关抑制需求，如对变电站周边地区的直流接地极、轨道交通、金属管线、金属矿藏等情况进行调研分析。验收投运阶段应开展直流偏磁情况测试，根据测试结果对偏磁抑制措施做出适当调整。

3. 执行意见

按照《十八项反措》第 9.2.1.5 条执行：有中性点接地要求的变压器应在规划阶段提出直流偏磁抑制需求，在接地极 50 km 内的中性点接地运行变压器应重点关注直流偏磁情况。

第 44 条 主变压器气体继电器和压力释放阀未校验的问题

1. 现状

部分主变压器制造厂提供的技术文件不全，无气体继电器和压力释放阀交接校验报告。

2. 存在问题

（1）问题描述。主变压器气体继电器和压力释放阀未进行校验，易导致气体继电器和压力释放阀误动作，主变压器跳闸。

（2）依据性文件要求。《十八项反措》第 9.3.1.4 条：气体继电器和压力释放阀在交接和变压器大修时应进行校验。

（3）分析解释。主变压器气体继电器和压力释放阀应在出厂时应对其机械性能、动作可靠性进行校验，并出具交接校验报告。

3. 执行意见

按照《十八项反措》第 9.3.1.4 条执行：气体继电器和压力释放阀在交接和变压器大修时应进行校验。

第 45 条 新投运变电站站用变压器、接地变压器布局问题

1. 现状

部分新投运变电站站用变压器、接地变压器布局时紧靠 35 kV 开关柜及 10 kV 开关柜。

2. 存在问题

（1）问题描述。部分新投运变电站设计时未考虑设备布局问题，站用变压器、接地变压器布置紧靠开关柜，当任意设备发生故障，会导致事故范围扩大。

（2）依据性文件要求。《十八项反措》第 12.4.1.17 条：新建变电站的站用变压器、接地变压器不应布置在开关柜内或紧靠开关柜布置，避免其故障时影响开关柜运行。

（3）分析解释。柜内站用变压器、接地变压器故障多发，若其布置在开关柜内或临近开关柜易造成大量开关柜设备烧损，受损设备难以在短期内得到恢复。

3. 执行意见

变电站的站用变压器、接地变压器不应布置在开关柜内或紧靠开关柜布置。

第 46 条 站用变压器储油柜容积不满足要求的问题

1. 现状

部分变电站的站用变压器储油柜内变压器油不能随温度正常变化，夏天高温时易发生喷油事故，冬天低温时储油柜内无油。

2. 存在问题

（1）问题描述。部分变电站的站用变压器设计时未充分考虑储油柜容量问题，储油柜容积不满足要求，温度异常时油位变化较大，易引发设备故障。

（2）依据性文件要求。《十八项反措》第 8.2.1.2 条：换流变压器及油浸式平波电抗器应配置带胶囊的储油柜，储油柜容积不应小于本体油量的 10%。

（3）分析解释。变压器油的热胀冷缩系数是 7/10 000，变压器的储油柜容积要保证在最低环境温度或者变压器断电的情况下储油柜内有油，以及在最高环境温度或者变压器满载的时候储油柜内的油不能溢出。

假定变压器运行的最低温度是 –25 ℃，满载时油顶的最高温度按 100 ℃计算，则：

$$7/10\,000 \times (100+25) = 8.75\%$$

即储油柜的容积不应小于变压器油箱内油重的 8.75%，考虑到一定的余量，按 10% 考虑为妥。

3. 执行意见

参照《十八项反措》第 8.2.1.2 条执行：站用变配置带胶囊的储油柜，储油柜容积参照换流变压器及油浸式平波电抗器执行，不应小于本体油量的 10%。

第 47 条　重要变电站（750 kV）油色谱装置选型的问题

1. 现状

变电站油色谱在线监测装置在运数量较多，由于各厂家技术水平与装置质量存在差异，在运行一定年限后，经常出现数据异常或数据无法上传问题。

2. 存在问题

（1）问题描述。油色谱在线监测装置在运行中仍存在一些突出的问题，如监测装置硬件（真空泵、色谱柱、主板）老化严重、频繁故障、通信不稳定等，一定程度上影响了装置作用的有效发挥，也增加了运维人员的工作量。

（2）依据性文件要求。《国网设备部关于加强换流站油色谱在线监测装置管理的通知》第二条规定，换流站换流变压器应选用 A 级油色谱在线监测装置（以乙炔为例，0.5 ~ 5 μL/L 范围测量误差为 ±0.5 μL/L），对在运换流变压器 B 和 C 级装置，经中国电力科学研究院评估确认后进行改造或更换，便于准确、及早发现换流变压器异常状况。

《国网宁夏电力设备部关于进一步加强油色谱在线监测装置管理工作的通知》（宁电设备字〔2019〕35 号）规定，开展油色谱在线监测装置专项监督工作，加强入网设备检测，确保技术参数符合运行要求，对于重要变电站

（750 kV）油色谱装置应选用 A 级。

（3）分析解释。为掌握运行中变压器绝缘状况，常采用油中气体色谱分析法处理变压器局部放电故障，国内统计数据表明其有效率可达 85% 以上。采用故障特征气体在线监测手段可以克服传统离线试验周期长，从取样、运送到测量环节多，操作烦琐的缺点。同时，该监测手段能在线持续监测气体组分，贮存长期的检测结果，提供完整的趋势信息，对及时发现潜伏性故障、确定变压器的维护周期、进行寿命预测、实现状态检修具有决定性的作用。考虑到750 kV 变压器的重要性，参照换流站换流变压器，应选用 A 级油色谱在线监测装置。

3. 执行意见

按照《国网宁夏电力设备部关于进一步加强油色谱在线监测装置管理工作的通知》（宁电设备字〔2019〕35 号）执行：开展油色谱在线监测装置专项监督工作，加强入网设备检测，确保技术参数符合运行要求，对于重要变电站（750 kV）油色谱装置应选用 A 级。

（三）GIS（HGIS）设备

第 48 条　GIS（HGIS）设备中 SF_6 表计安装位置不当的问题

1. 现状

部分 GIS 设备 SF_6 表计安装位置未朝向巡视通道，或表计安装过高，如图 3-7 所示。

2. 存在问题

（1）问题描述。部分 GIS 设备设计时未考虑运维人员需要对 SF_6 表计进行巡视问题，表计安装位置过高或者未面向巡视通道，不便于人员、机器人巡视，不满足带电检测要求。

（2）依据性文件要求。《十八项反措》第 12.2.1.2.3 条：三相分箱的 GIS 母线及断路器气室，禁止采用管路连接。独立气室应

图 3-7　SF_6 表计安装位置不当

安装单独的密度继电器，密度继电器表计应朝向巡视通道。

《国家电网公司变电验收通用管理规定（试行）　第 3 分册　组合电器验收细则》中 A.6 组合电器隐蔽工程验收（组部件安装）标准卡的 12 密度继电器安装：④需靠近巡视走道安装表计，不应有遮挡，其安装位置和朝向应充分考虑

巡视的便利性和安全性。密度继电器表计安装高度不宜超过 2 m（距离地面或检修平台底板）。

（3）分析解释。在新投变电站运维阶段，已多次出现密度继电器安装位置过高、被其他设备遮挡或未预留巡视机器人通道等问题，给运维生产和后期机器人应用带来诸多不便。

3. 执行意见

按照《国家电网公司变电验收通用管理规定（试行）第 3 分册 组合电器验收细则》中 A.6 组合电器隐蔽工程验收（组部件安装）标准卡的规定执行：需靠近巡视走道安装表计，不应有遮挡，其安装位置和朝向应充分考虑巡视的便利性和安全性。密度继电器表计安装高度不宜超过 2 m（距离地面或检修平台底板）。

第 49 条 SF$_6$ 密度继电器不具备远传功能的问题

1. 现状

变电站内 SF$_6$ 设备密度继电器在运数量较大，运维人员日常巡视需要进行表计压力抄录工作。

2. 存在问题

（1）问题描述。SF$_6$ 设备密度继电器不具备远传功能，不能将设备实际压力值传到后台，运维人员无法及时掌握 SF$_6$ 压力变化趋势，不能及时发现设备潜在漏气隐患。

（2）依据性文件要求。不满足智能化变电站建设需求。

（3）分析解释。GIS、HGIS 变电站数量较多，SF$_6$ 表计数量更大，运维人员日常抄录表计压力的工作量非常大，如能选用带有远传功能的 SF$_6$ 表计，实现 SF$_6$ 压力实时监测，可以提前发现 SF$_6$ 设备漏气缺陷，可有效避免因漏气引起的设备故障或紧急停运，极大减小运维人员日常抄录表计压力的工作量。

3. 执行意见

新变电站建设考虑装设带有远传功能的 SF$_6$ 表计，以满足智能化变电站的需要。

第 50 条 GIS 设备检修平台及巡视平台设计不合理的问题

1. 现状

部分变电站检修、巡视平台设计不合理，多次出现爬梯为单侧扶手、爬梯太窄、爬梯踏板未做防滑处理，或者高空布置的机构箱未设计检修平台等情况，如图 3-8 所示。

2. 存在问题

（1）问题描述。220 kV 某变电站 110 kV 母线桥长度大于 100 m，仅设计一个巡视扶梯，且扶梯设计得极不合理，采用单侧扶手，脚踏面未做任何防滑处理，存在安全隐患。

（2）依据性文件要求。《国家电网公司变电验收通用管理规定（试行） 第 3

图 3-8 GIS 设备平台爬梯为单侧扶手

分册 组合电器验收细则》中 A.8 组合电器中间验收标准卡的 1 外观检查规定：落地母线间隔之间应根据实际情况设置巡视梯，在组合电器顶部布置的机构应加装检修平台。

（3）分析解释。GIS 变电站数量较多，且母线桥较长，安装设计合理的检修平台或巡视平台可便于运维人员开展巡视和检测工作，也有助于提高检修、抢修的效率。

3. 执行意见

按照《国家电网公司变电验收通用管理规定（试行） 第 3 分册 组合电器验收细则》中 A.8 的规定执行：落地母线间隔之间应根据实际情况设置巡视梯，在组合电器顶部布置的机构应加装检修平台。

第 51 条 330 kV GIS 断路器无法进行试验的问题

1. 现状

部分 330 kV GIS 断路器在接地刀闸位置未设置接地连片。

2. 存在问题

（1）问题描述。330 kV GIS 断路器设计时未充分考虑现场试验需求，无接地连片，导致无法进行相关试验，设备运行状况无法掌握，存在设备跳闸风险。

（2）依据性文件要求。依据现场运行习惯及检修经验提出。

（3）分析解释。330 kV GIS 断路器试验需要通过接地开关一侧的接地连片取信号，试验时，两端接地开关要合上，打开其中一侧接地连片，使其不接地，用来接取信号，所以做试验应有接地连片。

3. 执行意见

图纸资料确认时，要求厂家提供可拆卸接地连片。

第 52 条　户外 GIS 罐体连接问题

1. 现状

户外 GIS 罐体跨接部位通过法兰螺栓直连，如图 3-9 所示。

2. 存在问题

（1）问题描述。户外 GIS 罐体上没有设计专用跨接部位，通过法兰螺栓直接连接，易发生漏气等问题。

（2）依据性文件要求。《十八项反措》第 12.2.1.5 条：新投运 GIS 采用带金属法兰的盆式绝缘子时，应预留窗口用于特高频局部放电检测。采用此结构的盆式绝缘子可取消罐体对接处的跨接片，但生产厂家应提供型式试验依据。如需采用跨接片，户外 GIS 罐体上应有专用跨接部位，禁止通过法兰螺栓直连。

图 3-9　GIS 罐体法兰螺栓直连

（3）分析解释。由于热膨胀系数不同，户外 GIS 跨接部位若采用螺栓直连，容易引起法兰螺孔处出现缝隙，进水腐蚀导致漏气。

3. 执行意见

按照《十八项反措》第 12.2.1.5 条执行：新投运 GIS 采用带金属法兰的盆式绝缘子时，应预留窗口用于特高频局部放电检测。采用此结构的盆式绝缘子可取消罐体对接处的跨接片，但生产厂家应提供型式试验依据。如需采用跨接片，户外 GIS 罐体上应有专用跨接部位，禁止通过法兰螺栓直连。

第 53 条　组合电器浇注口位置问题

1. 现状

部分组合电器浇注口安装在组合电器顶部或者被其他附件遮挡，如图 3-10 所示。

2. 存在问题

（1）问题描述。组合电器设计时未考虑现场带电检测工作需求，浇注口设计不合理，安装在组合电器顶部或者被其他附件遮挡，无法进行带电检测工作。

（2）依据性文件要求。《十八项反措》第 12.2.1.5 条：新投运 GIS 采用带金属法兰的盆式绝缘子时，应预留窗口用于特高频局部放电检测。

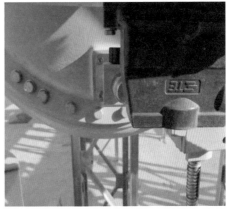

图 3-10 组合电器浇注口安装在组合电器顶部或被遮挡

（3）分析解释。组合电器为全封闭结构，需通过盆式绝缘子上的浇注口开展带电检测工作。对于位于高处的盆式绝缘子，设计时将浇注口设计为非金属材质的密封盖片并在安装时将浇注口位于竖直向下 ±30° 范围之内，并且无遮挡；对于位于地面布置的盆式绝缘子，安装时避免浇注口被遮挡且安装方向便于检测，密封盖片宜为非金属材质，若为金属材质，应设计为非铆钉结构。

3. 执行意见

按照《十八项反措》第 12.2.1.5 条执行：新投运 GIS 采用带金属法兰的盆式绝缘子时，应预留窗口用于特高频局部放电检测。

第 54 条 架空进线的 GIS 线路间隔的避雷器布局问题

1. 现状

架空进线的 GIS 线路间隔的避雷器和线路电压互感器安装在组合电器内部。

2. 存在问题

（1）问题描述。架空进线的 GIS 线路间隔的避雷器和线路电压互感器采用内置结构，不利于带电检测及检修工作开展。

（2）依据性文件要求。《十八项反措》第 12.2.1.4 条：双母线、单母线或桥形接线中，GIS 母线避雷器和电压互感器应设置独立的隔离开关。3/2 断路器接线中，GIS 母线避雷器和电压互感器不应装设隔离开关，宜设置可拆卸导体作为隔离装置。可拆卸导体应设置于独立的气室内。架空进线的 GIS 线路间隔的避雷器和线路电压互感器宜采用外置结构。

（3）分析解释。在实际运行工况中，避雷器阻性电流测试与电压互感器相对电容量、介质损耗测试等带电检测项目是发现设备运行隐患的有效手段。当间隔停电时，对避雷器与电压互感器开展例行试验也是评价设备状态的重要方法。若避雷器与电压互感器均设置为内置结构，则无法开展上述带电与停电测试项目，不利于保障设备安全运行。

3. 执行意见

按照《十八项反措》第 12.2.1.4 条执行：双母线、单母线或桥形接线中，GIS 母线避雷器和电压互感器应设置独立的隔离开关。3/2 断路器接线中，GIS 母线避雷器和电压互感器不应装设隔离开关，宜设置可拆卸导体作为隔离装置。可拆卸导体应设置于独立的气室内。架空进线的 GIS 线路间隔的避雷器和线路电压互感器宜采用外置结构。

第 55 条　GIS 户外智能终端柜高压带电显示装置电源接入问题

1. 现状

部分变电站 GIS 汇控柜内高压带电显示装置的电源使用继电保护装置电源。

2. 存在问题

（1）问题描述。变电站 GIS 汇控柜内高压带电显示装置的电源与继电保护装置使用同一个电源，易造成二次设备失电，影响保护正常运行。

（2）依据性文件要求。《十八项反措》第 4.2.6 条：防误装置使用的直流电源应与继电保护、控制回路的电源分开。

（3）分析解释。当高压带电显示装置故障时可能导致柜内二次设备电源短路跳闸，造成二次设备失电，影响保护正常运行。继电保护、控制回路电源故障可能导致高压带电显示装置失灵，引起电气闭锁失灵。

3. 执行意见

按照《十八项反措》第 4.2.6 条执行：防误装置使用的直流电源应与继电保护、控制回路的电源分开。

第 56 条　GIS 电缆穿管问题

1. 现状

GIS 设备电缆穿出电缆沟时无穿管保护，电缆外绝缘受损。

2. 存在问题

（1）问题描述。部分新建变电站 GIS 设备电缆穿出电缆沟时无穿管保护，电缆在沟壁上长期受力，部分绝缘已损伤，造成安全隐患。

（2）依据性文件要求。《电力工程电气设计手册：电气一次部分》第 17.2 节要求：电缆从地下引出地面的 2 m 部分，一段应采用金属保护管或保护罩保护，确无机械损伤场所的铠装电缆，可不加保护。

（3）分析解释。未进行穿管保护的电缆在沟壁上长期受力，导致绝缘损伤，影响安全运行。

3. 执行意见

电缆穿出电缆沟时应采用护管进行保护。

第57条 220 kV 及以上 GIS 分箱结构的断路器未安装独立的密度继电器

1. 现状

三相分箱的 GIS 母线及断路器气室,采用管路连接,共用一个密度继电器。

2. 存在问题

(1)问题描述。三相分箱的 GIS 母线及断路器气室,若共用一个密度继电器,当发生设备故障时气体处理时间过长,易导致电网事故。

(2)依据性文件要求。《十八项反措》第12.2.1.2.3 条:三相分箱的 GIS 母线及断路器气室,禁止采用管路连接。独立气室应安装单独的密度继电器,密度继电器表计应朝向巡视通道。

《国家电网公司变电验收通用管理规定(试行) 第3分册 组合电器验收细则》中 A.1 的 11 密度继电器:② 220 kV 及以上分箱结构的断路器每相应安装独立的密度继电器。

(3)分析解释。综合考虑故障后维修,处理气体的便捷性,以及限制故障气体的扩散范围,将设备结构参量及气体总处理时间共同作为气室的重要因素,以提高检修效率。

3. 执行意见

按照《十八项反措》第12.2.1.2.3 条执行:三相分箱的 GIS 母线及断路器气室,禁止采用管路连接。独立气室应安装单独的密度继电器,密度继电器表计应朝向巡视通道。

第58条 GIS 充气口保护封盖的材质问题

1. 现状

部分变电站 GIS 设备充气口保护封盖在运行一段时间后,充气口保护封盖无法打开如图 3-11 所示。

2. 存在问题

(1)问题描述。GIS 设备充气口保护封盖的材质与充气口材质不同,易引起电化学腐蚀,运行一段时间后,封盖无法打开,不能正常进行现场检修工作。

图 3-11 GIS 设备充气口保护封盖

(2)依据性文件要求。《十八项反措》第12.2.1.17 条:GIS 充气口保护封盖的材质应与充气口材质相同，防止电化学腐蚀。

（3）分析解释。依据运行经验进行新增，对 GIS 充气口保护封盖材质提出要求，避免不同材质导致充气口发生电化学腐蚀将螺纹咬死，造成停电检修。

3. 执行意见

按照《十八项反措》第 12.2.1.17 条执行：GIS 充气口保护封盖的材质应与充气口材质相同，防止电化学腐蚀。

第 59 条　户外 GIS 法兰对接面密封问题

1. 现状

户外 GIS 设备安装时法兰对接面采用单密封圈。

2. 存在问题

（1）问题描述。户外 GIS 设备法兰对接面采用单密封圈，户外长期经受雨水腐蚀、日光暴晒，法兰对接面、接缝等老化导致漏气问题频发。

（2）依据性文件要求。《十八项反措》第 12.2.1.6 条：户外 GIS 法兰对接面宜采用双密封，并在法兰接缝、安装螺孔、跨接片接触面周边、法兰对接面注胶孔、盆式绝缘子浇注孔等部位涂防水胶。

（3）分析解释。依据现场运行经验进行新增，对法兰对接面密封及防水胶涂覆提出要求。户外 GIS 长期经受雨水腐蚀、日光暴晒，法兰对接面、接缝等部位容易发生漏气故障，运行经验表明，法兰对接面采用双密封圈、表面涂防水胶，密封效果比较好。

3. 执行意见

按照《十八项反措》第 12.2.1.6 条执行：户外 GIS 法兰对接面宜采用双密封，并在法兰接缝、安装螺孔、跨接片接触面周边、法兰对接面注胶孔、盆式绝缘子浇注孔等部位涂防水胶。

第 60 条　出厂试验时未对 GIS 及罐式断路器罐体焊缝开展无损探伤检测的问题

1. 现状

部分变电站 GIS 设备出厂试验项目不全，未对 GIS 及罐式断路器罐体焊缝开展 100% 无损探伤检测，如图 3-12 所示。

2. 存在问题

（1）问题描述。生产厂家在进行设备出厂试验时未进行罐体焊缝 100% 无损探伤检测试验，未能有效发现罐体焊缝存在的砂眼

图 3-12　GIS 及罐式断路器罐体

等问题，导致漏气问题频发。

（2）依据性文件要求。《十八项反措》第12.2.1.15条：生产厂家应对GIS及罐式断路器罐体焊缝进行无损探伤检测，保证罐体焊缝100%合格。

（3）分析解释。对GIS及罐式断路器罐体焊缝的检测提出要求，避免焊接不良导致漏气。

3. 执行意见

按照《十八项反措》第12.2.1.15条执行：生产厂家应对GIS及罐式断路器罐体焊缝进行无损探伤检测，保证罐体焊缝100%合格。

第61条　组合电器预留间隔信号未接入的问题

1. 现状

变电站组合电器预留间隔设备断路器及隔离开关位置、气体压力等信号通过公用回路上传监控系统。

2. 存在问题

（1）问题描述。变电站预留间隔设备断路器及隔离开关位置、气体压力等信号占用公用间隔开入位置，影响公用间隔开入冗余。

（2）依据性文件要求。《十八项反措》第12.2.1.7条：同一分段的同侧GIS母线原则上一次建成。如计划扩建母线，宜在扩建接口处预装可拆卸导体的独立隔室；如计划扩建出线间隔，应将母线隔离开关、接地开关与就地工作电源一次上全。预留间隔气室应加装密度继电器并接入监控系统。

（3）分析解释。按照《国家电网公司电力安全工作规程》要求，接入母线的引流线、连接排的间隔视为待用间隔，待用间隔的信号应接入监控系统。《十八项反措》明确要求预留间隔气室应加装密度继电器并接入监控系统。但公用间隔开入预留有限，介入后会影响公用间隔开入冗余。

3. 执行意见

变电站预留间隔设备断路器及隔离开关位置、气体压力等信号接入公用开入位置。设计时充分考虑提供充分的预留接入位置。

第62条　GIS设备波纹管未加装计量尺的问题

1. 现状

部分GIS设备波纹管未加装计量尺，无法对GIS设备沉降及伸缩情况进行监视。

2. 存在问题

（1）问题描述。GIS设备为金属制品，受温度变化热胀冷缩影响，GIS组件间发生位移，波纹管随之变化，但波纹管未加装计量尺，无法监视其变化，易导致 GIS 设备漏气或跳闸故障。

（2）依据性文件要求。《十八项反措》12.2.1.3 条：生产厂家应在设备投标、资料确认等阶段提供工程伸缩节配置方案，并经业主单位组织审核。方案内容包括伸缩节类型、数量、位置及"伸缩节（状态）伸缩量－环境温度"对应明细表等调整参数。伸缩节配置应满足跨不均匀沉降部位（室外不同基础、室内伸缩缝等）的要求。用于轴向补偿的伸缩节应配备伸缩量计量尺。

（3）分析解释。GIS 伸缩节需配置计量尺，计量尺可监视波纹管伸缩情况，可及时发现 GIS 设备是否存在不良的拉伸情况，提高设备运维水平。

3. 执行意见

按照《十八项反措》第 12.2.1.3 条执行：生产厂家应在设备投标、资料确认等阶段提供工程伸缩节配置方案，并经业主单位组织审核。方案内容包括伸缩节类型、数量、位置及"伸缩节（状态）伸缩量－环境温度"对应明细表等调整参数。伸缩节配置应满足跨不均匀沉降部位（室外不同基础、室内伸缩缝等）的要求。用于轴向补偿的伸缩节应配备伸缩量计量尺。

第 63 条　组合电器汇控柜过高的问题

1. 现状

部分变电站组合电器汇控柜高度达到 2.56 m，柜内空间狭小。

2. 存在问题

（1）问题描述。部分变电站组合电器汇控柜设计时未考虑设备检修问题，汇控柜高度过高，且空间狭小，难以装设梯子或者绝缘凳，当上方继电器有问题时，无法进行更换。

（2）依据性文件要求。Q/GDW 430—2015《智能变电站智能控制柜技术规范》第 5.3 条柜体尺寸要求：户外控制柜最高高度不宜高于 2100 mm（不含雨帽高度）。

（3）分析解释。厂家在设计汇控柜时未按照相关规程要求进行，导致设备投运后检修运维工作开展困难。

3. 执行意见

按照 Q/GDW 430—2015《智能变电站智能控制柜技术规范》第 5.3 条柜体尺寸要求执行：户外控制柜最高高度不宜高于 2100 mm（不含雨帽高度）。

第 64 条　垂直安装的组合电器二次电缆槽盒无低位排水措施的问题

1. 现状

部分组合电器的隔离开关机构箱外壳处加热器二次插件底座固定螺栓松动，密封胶开裂，无低位排水措施。

2. 存在问题

（1）问题描述。部分组合电器的机构箱密封胶开裂，且无低位排水措施，当二次电缆进水时，会导致设备跳闸。

（2）依据性文件要求。《十八项反措》第12.2.2.5条：垂直安装的二次电缆槽盒应从底部单独支撑固定，且通风良好，水平安装的二次电缆槽盒应有低位排水措施。

（3）分析解释。防潮措施不良，雨水进入，辅助开关节点因锈蚀接触不良，导致控制回路断线，断路器拒动，故障后会越级跳闸，扩大事故范围。

3. 执行意见

按照《十八项反措》第12.2.2.5条执行：垂直安装的二次电缆槽盒应从底部单独支撑固定，且通风良好，水平安装的二次电缆槽盒应有低位排水措施。

第 65 条　110 kV 户内 GIS 设备机构箱布局问题

1. 现状

110 kV 户内 GIS 设备设备空间过于紧凑，机构箱门无法打开进行检修，如图 3-13 所示。

图 3-13　户内 GIS 设备断路器空间紧凑

2. 存在问题

（1）问题描述。110 kV 户内 GIS 设备断路器设计时未考虑空间布置问题，空间过于紧凑，断路器、隔离开关机构箱门无法打开，导致运维检修人员无法进行检修工作。

（2）依据性文件要求。《国家电网公司变电验收通用管理规定（试行）　第 3

分册 组合电器验收细则》：GIS 布置设计应便于设备运行、维护和检修，并考虑在更换、检查 GIS 设备中某一功能部件时的可维护性。

（3）分析解释。设备安装时整体吊装，未考虑检修需求，设备安装完毕后无法开启机构箱门，无法检修。

3. 执行意见

按照《国家电网公司变电验收通用管理规定（试行） 第 3 分册 组合电器验收细则》执行：GIS 设备设计时充分考虑运维检修的便利性，机构箱、开关柜、汇控柜门均需可靠打开并有充足的检修空间。

第 66 条 三相分箱的 GIS 母线及断路器气室密度继电器安装问题

1. 现状

部分新投变电站三相分箱的 GIS 母线及断路器气室三相共用一个密度继电器，如图 3–14 所示。

2. 存在问题

（1）问题描述。部分 GIS 设备设计时未考虑设备检修问题，三相分箱的 GIS 母线及断路器气室，独立气室未安装单独的密度继电器，密度继电器表计未朝向巡视通道，不便于设备检修维护。

图 3–14 220 kV GIS 设备断路器三相共用密度继电器

（2）依据性文件要求。《十八项反措》第 12.2.1.2.3 条：三相分箱的 GIS 母线及断路器气室，禁止采用管路连接。独立气室应安装单独的密度继电器，密度继电器表计应朝向巡视通道。

（3）分析解释。若 220 kV GIS 设备断路器三相共用一只密度继电器，如果不及时改造，可能造成断路器某相出现放电性故障时带电检测无法检测出气体成分，无法及时判断设备健康状况，严重时造成断路器拒动，甚至会扩大故障范围。

3. 执行意见

按照《十八项反措》第 12.2.1.2.3 条执行：三相分箱的 GIS 母线及断路器气室，禁止采用管路连接。独立气室应安装单独的密度继电器，密度继电器表计应朝向巡视通道。

第 67 条　塞上 110 kV 断路器机构布置不合理的问题

1. 现状

330 kV 塞上变电站 110 kV 断路器机构采用上开门方式，母线引流线接线板距离断路器机构箱边沿 1.80 m，检修平台距离断路器机构箱顶部 1.90 m，作业人员工作中正常活动范围与设备带电部分的距离 1.50 m，如图 3-15 所示。

图 3-15　检修平台与带电体距离过近

2. 存在问题

（1）问题描述。母线引流线接线板距离断路器机构箱边沿 1.80 m，在设备运行期间发生断路器相关异常时，检修人员需要开断路器机构箱盖门进行检查，此时活动范围只有 0.30 m，存在极大的安全风险隐患，故检修人员不具备不停上方母线进行检修作业的条件，若该断路器机构运行期间存在相关异常，必须要母线陪停才能进行检修作业。

（2）依据性文件要求。《国家电网公司电力安全工作规程》第 7.2.1 条表 3：作业人员工作中正常活动范围与设备带电部分 110 kV 电压等级的安全距离为 1.50 m。

（3）分析解释。检修平台距离断路器机构箱顶部 1.90 m，在机构箱内部出现问题时，如分合闸线圈故障或辅助开关故障，不能有效利用检修平台在保证安全距离的情况下不停母线进行检查。

3. 执行意见

依据现场实际情况，改变断路器机构箱门开启方向和检修平台伸缩方式。

第 68 条　组合电器断路器与电流互感器气室划分问题

1. 现状

部分变电站组合电器断路器气室与电流互感器气室之间未设置盆式绝缘子。

2. 存在问题

（1）问题描述。部分变电站组合电器设计时未考虑断路器气室与电流互感器气室压力不同问题，组合电器断路器气室与电流互感器气室之间无盆式绝缘子，当电流互感器发生故障时会导致断路器一并发生故障，扩大故障范围。

（2）依据性文件要求。《国家电网公司变电验收通用管理规定（试行） 第3分册 组合电器验收细则》规定：断路器和电流互感器气室间应设置隔板（盆式绝缘子）。

（3）分析解释。断路器气室额定压力和电流互感器气室额定压力不同，另外断路器是组合电器核心部件，设置单独气室有助于保护断路器。

3. 执行意见

按照《国家电网公司变电验收通用管理规定（试行） 第3分册 组合电器验收细则》规定执行：断路器和电流互感器气室间应设置隔板（盆式绝缘子）。

（四）配电装置（断路器、高压开关柜、电流互感器、避雷器、电压互感器）

第 69 条 关于断路器 SF_6 压力表无防雨罩，且指示看不清的问题

1. 现状

部分断路器 SF_6 压力表计无防雨罩，且表面玻璃长期运行，观察窗材料老化，压力指示器看不清，如图 3-16 所示。

2. 存在问题

（1）问题描述。部分断路器 SF_6 压力表计无防雨罩，且表面玻璃长期运行，观察窗材料老化，压力指示器看不清，不便于运维检查巡视。

（2）依据性文件要求。《国家电网公司变电验收管理规定（试行） 第2分

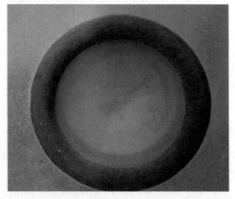

图 3-16 SF_6 压力表计观察窗材料老化

册 断路器验收细则》中附录 A.5 的第 9 条 SF_6 密度继电器：①户外安装的密度继电器应设置防雨罩，其应能将表、控制电缆接线端子一起放入，安装位置应方便巡视人员或智能机器人巡视观察。

（3）分析解释。断路器 SF_6 压力表计应有防雨罩，防止表计受雨水侵蚀；观察窗会由于褪色、老化导致运维人员无法准确观察到读数，无法准确判断设备状态。

3. 执行意见

断路器 SF_6 压力表计应有防雨罩，防止表计受雨水侵蚀；表计表面应选用具

有耐老化、透明度高的材料进行制造。

第70条　断路器交接试验报告中无行程曲线的问题

1. 现状

断路器出厂、交接试验报告中无行程曲线测试与分合闸线圈电流波形。

2. 存在问题

（1）问题描述。断路器出厂、交接试验时若未进行行程曲线测试与分合闸线圈电流波形试验，易导致设备故障。

（2）依据性文件要求。《十八项反措》第 12.1.2.6 条：断路器交接试验及例行试验中，应进行行程曲线测试，并同时测量分合闸线圈电流波形。

（3）分析解释。出厂时设备应进行相关试验并出具试验报告，提供相关标准值与实验数据供交接试验进行参考。

3. 执行意见

出厂、交接试验需进行行程曲线测试并提供测试曲线。

第71条　断路器两侧电流互感器布置的问题

1. 现状

某 220 kV 变电站母联及分段断路器仅在一侧配置电流互感器。

2. 存在问题

（1）问题描述。某 220 kV 变电站母联及分段断路器设计时未充分考虑保护配置问题，导致存在保护死区，保护不能正常动作。

（2）依据性文件要求。《十八项反措》第 15.1.13.2 条：对经计算影响电网安全稳定运行重要变电站的 220 kV 及以上电压等级双母线接线方式的母联、分段断路器，应在断路器两侧配置电流互感器。

（3）分析解释。母联分段间隔电流互感器布置在断路器一侧，将不可避免出现断路器和电流互感器间的故障死区。由于死区故障切除时间长，若在特高压直流集中馈入近区发生死区故障，可能导致多回直流同时发生连续两次以上换相失败，巨大的暂态能量冲击会对送、受端电网造成严重影响，甚至存在垮网风险。

3. 执行意见

按照《十八项反措》第 15.1.13.2 条执行，对于双母线接线变电站，对经计算影响电网安全稳定运行重要变电站的 220 kV 及以上电压等级双母线接线方式的母联和分段断路器，应在断路器两侧配置电流互感器，确保快速切除死区故障。对于其他接线形式变电站，当采用 3/2 断路器接线形式，应在断路器两侧均配置电流互感器。对于扩建变电站，若现场具备在断路器两侧均配置电流互感器的条件，须在断路器两侧均配置电流互感器。扩建变电站若现场不具备在断路器两侧均配置电流互感器的条件，同设备选型前期。

第72条　开关柜母线接地小车配置问题

1. 现状

变电站 35 kV 空气开关柜未配置母线接地小车。

2. 存在问题

（1）问题描述。变电站 35 kV 空气开关柜未配置母线接地小车，母线转检修不便。

（2）依据性文件要求。根据现场运行经验提出。

（3）分析解释。变电站 35 kV 空气开关柜未配置母线接地小车，母线转检修不便，需要通过另行挂接地线方式进行。

3. 执行意见

对于新建工程及改扩建工程，10~35 kV 空气开关柜应配置母线接地小车，小车数量按小室配置，与开关柜一同招标。

第73条　三相机械联动隔离开关只安装一个分合闸指示器的问题

1. 现状

部分变电站 GIS 设备对相间连杆采用转动、链条传动方式设计的三相机械联动隔离开关，只在中间相安装一个分合闸指示器，如图 3-17 所示。

2. 存在问题

（1）问题描述。采用转动、链条传动方式设计的三相机械联动隔离开关，在其从动相安装分合闸指示器能有效地判断隔离开关三相实际分、合位置，避

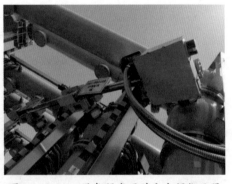

图 3-17　GIS 设备隔离开关分合闸指示器

免传动系统失效所引起的分合不到位的情况不能及时发现，从而引起故障。

（2）依据性文件要求。《十八项反措》第 12.2.1.10 条：对相间连杆采用转动、链条传动方式设计的三相机械联动隔离开关，应在从动相同时安装分合闸指示器。

（3）分析解释。对相间连杆采用转动及链条传动方式设计的三相机械联动隔离开关，提出从动相同时安装分合闸指示器的要求，便于直观、有效地判断隔离开关三相实际分、合位置，避免传动系统失效所引起的分合不到位的情况未能及时发现，从而引起故障。

3. 执行意见

依据《十八项反措》12.2.1.10 执行：对相间连杆采用转动、链条传动方式设计的三相机械联动隔离开关，应在从动相同时安装分合闸指示器。

第 74 条　开关柜无带电显示装置的问题

1. 现状

部分开关柜未装设具有自检功能的带电显示装置。

2. 存在问题

（1）问题描述。现场选用的开关柜绝大部分为金属全封闭型开关柜，设备停电检修时无法进行直接验电，存在安全风险。

（2）依据性文件要求。《十八项反措》第 4.2.10 条：成套 SF_6 组合电器、成套高压开关柜防误功能应齐全、性能良好；新投开关柜应装设具有自检功能的带电显示装置，并与接地开关及柜门实现强制闭锁。

（3）分析解释。新装开关柜装设具有自检功能的带电显示装置可进行间接验电。自检功能带电显示装置便于运维人员定期巡视及时发现问题，及时处理。

3. 执行意见

按照《十八项反措》执行：成套 SF_6 组合电器、成套高压开关柜防误功能应齐全、性能良好；新投开关柜应装设具有自检功能的带电显示装置，并与接地开关及柜门实现强制闭锁。

第 75 条　35 kV 开关柜是否加装绝缘隔板问题

1. 现状

部分变电站 35 kV 开关柜加装绝缘隔板。

2. 存在问题

（1）问题描述。35 kV 开关柜母线不满足空气绝缘净距离要求，加装绝缘护套和热缩绝缘材料，绝缘隔板极易受潮丧失绝缘，导致开关柜故障。

（2）依据性文件要求。《十八项反措》第 12.4.1.2.3 条：新安装开关柜禁止使用绝缘隔板。即使母线加装绝缘护套和热缩绝缘材料，也应满足空气绝缘净距离要求。

（3）分析解释。各厂采用的绝缘材料普遍性能不良且行业缺乏检测手段，绝缘隔板极易受潮丧失绝缘，热缩护套长期运行后易开裂、脱落，开关柜长期运行后绝缘性能下降，造成开关柜故障频发，导致内部绝缘故障时起火燃烧，甚至造成火势蔓延的严重后果。开关柜内用已加强绝缘的大量绝缘材料，在开关柜发生绝缘故障时极易扩大事故范围，严重影响电网安全运行。

3. 执行意见

按照《十八项反措》第12.4.1.2.3条执行：新安装开关柜禁止使用绝缘隔板。即使母线加装绝缘护套和热缩绝缘材料，也应满足空气绝缘净距离要求。

第76条　开关柜电缆连接问题

1. 现状

部分变电站开关柜电缆使用单螺栓进行连接。

2. 存在问题

（1）问题描述。柜内母线、电缆端子等使用单螺栓连接，易导致接触面积不够，设备发热。

（2）依据性文件要求。《十八项反措》第12.4.2.3条：柜内母线、电缆端子等不应使用单螺栓连接。导体安装时螺栓可靠紧固，力矩符合要求。

（3）分析解释。新生产的开关柜个别部位如小电流手车的动、静触头固定螺栓仍为单螺栓，运行中易松动发热。故要求柜内一次导体不应使用单螺栓连接，安装时螺栓应可靠紧固，力矩符合要求；验收时应对导体连接情况逐一检查，重点检查手车触指、触头弹簧弹力、静触头固定、电缆端子连接情况。

3. 执行意见

按照《十八项反措》第12.4.2.3条执行：柜内母线、电缆端子等不应使用单螺栓连接。导体安装时螺栓可靠紧固，力矩符合要求。

第77条　隔离开关导电臂及底座防鸟筑巢问题

1. 现状

部分变电站隔离开关、接地开关导电臂及底座为中空结构，鸟类易在其中筑巢，如图3-18所示。

图3-18　隔离开关导电臂及底座为中空结构

2. 存在问题

（1）问题描述。部分变电站隔离开关、接地开关设计时未考虑防鸟措施，鸟类易在导电臂及底座中筑巢，导致隔离开关发热，甚至发生拒动故障，危害设备安全稳定运行。

（2）依据性文件要求。《十八项反措》第 12.3.1.9 条：隔离开关、接地开关导电臂及底座等位置应采取能防止鸟类筑巢的结构。

（3）分析解释。在隔离开关、接地开关导电臂及底座等位置设计阶段应采取防止鸟类筑巢措施，防止鸟类筑巢后导致的设备故障事件发生。

3. 执行意见

按照《十八项反措》第 12.3.1.9 条执行：隔离开关、接地开关导电臂及底座等位置应采取能防止鸟类筑巢的结构。

第 78 条　隔离开关和接地开关空心管材破裂问题

1. 现状

部分新投运变电站隔离开关和接地开关空心管材没有疏水通道。

2. 存在问题

（1）问题描述。隔离开关和接地开关的空心管材没有疏水通道，易出现内部积水腐蚀或结冰胀裂情况，导致隔离开关无法进行操作。

（2）依据性文件要求。《十八项反措》第 12.3.1.5 条：隔离开关和接地开关的不锈钢部件禁止采用铸造件，铸铝合金传动部件禁止采用砂型铸造。隔离开关和接地开关用于传动的空心管材应有疏水通道。

（3）分析解释。运行经验表明，铸造不锈钢万向轴承在运行中容易因"氢脆"等应力腐蚀问题断裂，采用砂型铸造的铝合金件内部常存在砂眼、气孔等铸造缺陷，运行中受力后可能发生脆性断裂。部分设备垂直连杆等采用封口设计，导致内部积水腐蚀或结冰胀裂。

3. 执行意见

按照《十八项反措》第 12.3.1.5 条执行：隔离开关和接地开关的不锈钢部件禁止采用铸造件，铸铝合金传动部件禁止采用砂型铸造。隔离开关和接地开关用于传动的空心管材应有疏水通道。

第 79 条　关于隔离开关触头选型问题

1. 现状

部分新投运变电站隔离开关动触头为"片式"，如图 3-19 所示。

2. 存在问题

（1）问题描述。隔离开关采用"片式"动触头，易造成设备发热。

（2）依据性文件要求。《十八项反措》第12.3.1.3条：隔离开关宜采用外压式或自力式触头，触头弹簧应进行防腐、防锈处理。内拉式触头应采用可靠绝缘措施以防止弹簧分流。

（3）分析解释。"片式"触头易受污秽和结冰等影响，导致触头动作卡滞、电接触面受污染导致接触不良等故障。

图 3-19　隔离开关动触头为"片式"

3. 执行意见

按照《十八项反措》第12.3.1.3条执行：隔离开关宜采用外压式或自力式触头，触头弹簧应进行防腐、防锈处理。内拉式触头应采用可靠绝缘措施以防止弹簧分流。

第 80 条　10 kV 手车断路器手车导轨机械强度不足的问题

1. 现状

10 kV 手车断路器导轨上活页挡板滑轮采用塑料材质，机械强度不足，如图 3-20 所示。

2. 存在问题

（1）问题描述。滑轮机械强度不足易导致活页挡板掉落，开关柜无法进行操作。

（2）依据性文件要求。《国家电网公司变电验收通用管理规定　第5分册　开关柜验收细则》规定：导轨应有足够的机械强度。

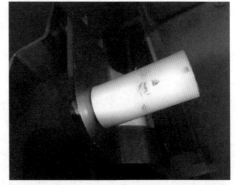

图 3-20　10 kV 手车断路器滑轮采用塑料材质

（3）分析解释。导轨上活页挡板滑轮采用塑料材质机械强度不足，滑轮碎裂会导致活页挡板掉落等严重问题，应在设计时保证足够强度。

3. 执行意见

按照《国家电网公司变电验收通用管理规定　第5分册　开关柜验收细则》规定执行：导轨应有足够的机械强度。

第 81 条　35 kV 隔离开关的机械闭锁不便于检修的问题

1. 现状

部分 35 kV 隔离开关的机械闭锁的扇型板与接地开关水平连杆连接使用穿

心销，如图 3-21 所示。

2. 存在问题

（1）问题描述。隔离开关的机械闭锁的扇型板与接地开关水平连杆连接使用穿心销，若机械闭锁位置发生偏移，会导致隔离开关无法操作。

（2）依据性文件要求。依据现场检修经验。

（3）分析解释。35 kV 隔离开关的机械闭锁的扇型板与接地开关水平连杆连接使用穿心销，一旦长时间运行后，闭锁间隙变大或变小，必须拆下三相接地开关动触头，这会增加检修工作难度。

图 3-21　扇型板与接地开关水平连杆连接使用穿心销

3. 执行意见

35 kV 隔离开关的机械闭锁的扇型板与接地开关水平连杆连接应使用定位螺栓。

第 82 条　关于氧化锌避雷器出厂及交接试验电容量及介质损耗测试的问题

1. 现状

氧化锌避雷器出厂及交接试验报告不全，无电容量及介质损耗测试。

2. 存在问题

（1）问题描述。氧化锌避雷器出厂及交接试验若未进行电容量及介质损耗测试，易导致设备发热故障。

（2）依据性文件要求。根据某 750 kV 避雷器发热故障，分析发现避雷器下四节与下二节安装顺序错误，造成运行中避雷器电位分布不均匀系数增加，下四节避雷器电阻片功率损耗及电荷率增加，引起发热。

（3）分析解释。部分避雷器为满足均压的要求，内部并列电容器单元，一旦安装时未仔细核对安装顺序，导致安装顺序错误，会引起避雷器发热。为及时发现避雷器安装问题，总结经验，提出在避雷器出厂及交接试验时进行电容量及介质损耗测试，提前通过交接试验发现安装顺序错误问题，避免出现类似情况。

3. 执行意见

在新避雷器出厂及交接试验时，增加避雷器电容量及介质损耗测试，并做好交接试验与出厂试验的对比。

第83条　110 kV 及以上母线和各线路间隔电压互感器配置问题

1. 现状

110 kV 及以上母线和各线路间隔仅装设单支电压互感器。

2. 存在问题

（1）问题描述。330 kV 及以上母线和 110 kV 及以上各线路间隔均存在装设单支电压互感器的问题，只满足同期需要，不满足国家电网有限公司《变电站一键顺控改造技术规范（试行）》第3.2条中取三相电压的要求。

（2）依据性文件要求。国家电网有限公司《变电站一键顺控改造技术规范（试行）》第3.2条第（2）款：110 kV 及以上母线和各线路间隔应装设三相电压互感器，不具备三相电压互感器时应增加具备遥信功能的三相带电显示装置（带电显示装置应同时满足防误闭锁功能技术要求）。

（3）分析解释。330 kV 及以上母线和 110 kV 及以上各线路间隔均存在装设单支电压互感器，当进行变电站一键顺控改造时，只能通过增加具备遥信功能的三相带电显示装置来解决，且带电显示装置运行并不稳定，所以建议后续新建变电站装设三相电压互感器以满足取三相电压的要求。

3. 执行意见

按照国家电网有限公司《变电站一键顺控改造技术规范（试行）》执行：110 kV 及以上母线和各线路间隔装设三相电压互感器。

第84条　关于油浸式互感器油位指示看不清的问题

1. 现状

油浸式互感器油位标识不规范，无最高、最低及 20 ℃标准油位线，长期运行油位观察窗材料老化，油位指示器看不清，如图 3-22 所示。

图 3-22　油浸式互感器观察窗材料老化

2. 存在问题

（1）问题描述。不满足反措要求，不便于运维阶段巡视。

（2）依据性文件要求。《十八项反措》第 11.1.1.3 条：油浸式互感器的膨胀器外罩应标注清晰耐久的最高（MAX）、最低（MIN）油位线及 20 ℃的标准油位线，油位观察窗应选用耐老化、透明度高的材料制造。油位指示器应采用荧光材料。

（3）分析解释。根据实际运行经验，膨胀器外罩的油位线标注、观察窗会由于褪色、老化导致运维人员无法准确观察到油位，无法准确判断设备状态。

3. 执行意见

按照《十八项反措》第 11.1.1.3 条执行：油浸式互感器的膨胀器外罩应标注清晰耐久的最高（MAX）、最低（MIN）油位线及 20 ℃的标准油位线，油位观察窗应选用耐老化、透明度高的材料制造。油位指示器应采用荧光材料。

第 85 条 关于 220 kV 及以上避雷器安装前检查问题

1. 现状

新建变电站避雷器上下法兰安装顺序错误。

2. 存在问题

（1）问题描述。避雷器因安装时未检查安装顺序，安装错误，导致避雷器内部电压分布不均匀，导致绝缘受损。

（2）依据性文件要求。《十八项反措》第 14.6.2.1 条：220 kV 及以上电压等级瓷外套避雷器安装前应检查避雷器上下法兰是否胶装正确，下法兰应设置排水孔。

（3）分析解释。依据《国家电网公司 2013 年南阳金冠 500 千伏避雷器事故案例》（运检一〔2013〕233 号）要求，为防止避雷器上下法兰胶装错误，导致避雷器内部受潮，引起放电事故，同时为防止某 750 kV 变电站避雷器问题再次发生，安装前应检查避雷器上下节的安装顺序。

3. 执行意见

按照《十八项反措》第 14.6.2.1 条执行，220 kV 及以上电压等级瓷外套避雷器安装前应检查避雷器上下节及法兰是否胶装正确。

（五）无功设备

第 86 条 电容器单元选型问题

1. 现状

新投运变电站电容器选型时采用外熔断器结构的电容器。

2. 存在问题

（1）问题描述。电容器单元选型时采用外熔断器结构的电容器，易引起电容器的电容单元击穿或电容器炸裂。

（2）依据性文件要求。《十八项反措》第10.2.1.1条：电容器单元选型时应采用内熔丝结构。对外熔断器结构的电容器应逐步进行改造。运行中电容器应避免外熔断器、内熔丝同时采用。

（3）分析解释。对于外熔断器结构的电容器，当电容器单元内部第一个元件击穿后，由于电流增加很小，外熔断器并不会动作，电容元件击穿后未被隔离而继续运行，故障点内部燃弧产生气体累积压力可造成外壳炸裂的危险。此外，电容器外熔断器性能、质量差别较大，暴露在户外及空气中的外熔断器易发生老化、锈蚀失效等问题。

3. 执行意见

按照《十八项反措》第10.2.1.1条执行：电容器单元选型时应采用内熔丝结构。对外熔断器结构的电容器应逐步进行改造。

第87条　干式电抗器和电容器的串抗防鸟问题

1. 现状

干式电抗器和电容器的串抗未设置防鸟格栅。

2. 存在问题

（1）问题描述。部分变电站干式电抗器和电容器的串抗未设置防鸟格栅，易导致电抗器发热、跳闸等故障。

（2）依据性文件要求。《十八项反措》第10.3.1.6条：新安装的35 kV及以上干式空心并联电抗器，产品结构应具有防鸟、防雨功能。

（3）分析解释。干式空心并联电抗器层间间隙较大，如有鸟类等异物进入，往往会导致鸟类尸体等异物停留在电抗器内部层间，导致电位分布不均匀，长时间运行后容易引起电抗器沿面放电、局部过热、绝缘老化、匝间短路等故障发生。

3. 执行意见

（1）设备技术规范书提报时，设计单位应提供关于电抗器装设防鸟格栅的书面要求，作为招标附件提交。

（2）设联会召开时，建设管理及设计单位应要求厂家必须依照反措要求执行并列入会议纪要。

（3）资料确认时设计单位进一步要求厂家图纸中予以注明。

（4）实施方案：在户外电抗器层间装设防鸟格栅，材质为不锈钢、玻璃钢或树脂等非导磁材质。

第88条 关于电抗器接地体发热问题

1. 现状

电抗器接地体因施工质量问题，投运后接地体频繁发热。

2. 存在问题

（1）问题描述。电抗器接地体周边若有金属闭环情况存在，极易导致接地体发热故障。

（2）依据性文件要求。《国网宁夏电力设备部关于印发国网宁夏电力有限公司输变电工程可研初设审查作业卡（试行）的通知》（宁电设备字〔2019〕54号）C10干式电抗器规定：距离电抗器中心为2倍直径的周边和垂直位置内，不得有金属闭环存在。

（3）分析解释。干式电抗器投运后频繁发生接地体发热的问题，判定为接地体存在近距离金属闭环，形成涡流。

3. 执行意见

距离电抗器中心为2倍直径的周边和垂直位置内，不得有金属闭环存在，以免投运后引起设备发热。

第89条 35 kV（10 kV）电容器的汇流母线选型问题

1. 现状

部分35 kV（10 kV）电容器的汇流母线采用铝排连接。

2. 存在问题

（1）问题描述。电容器设计时未考虑汇流母线采用铝排连接发热问题，易导致接头发热故障。

（2）依据性文件要求。《十八项反措》第10.2.1.6条：新安装电容器的汇流母线应采用铜排。

（3）分析解释。经验表明，接头及引线发热缺陷占并联电容器装置缺陷总数的50%以上，较铝汇流排，采用全铜汇流排总成本仅增加约3%~5%，但大幅降低了连接部位的发热概率，避免铜铝过渡措施设计、安装不当造成的发热问题，因此采用铜排。

3. 执行意见

按照《十八项反措》第10.2.1.6条执行，采用全铜汇流排。

第90条 关于电容器围栏发热问题

1. 现状

电容器围栏未留有防止产生感应电流的间隙。

2. 存在问题

（1）问题描述。电容器围栏安装时未预留防止感应电流的间隙，设备运行后产生涡流，引起围栏发热。

（2）依据性文件要求。《国家电网公司变电验收管理通用细则（试行） 第 9 分册 并联电容器组验收细则》：电容器组围栏完整，接地良好；如使用金属围栏则应留有防止产生感应电流的间隙；安全距离符合要求。

（3）分析解释。无防止感应电流的间隙，设备运行后产生涡流，引起围栏发热。

3. 执行意见

按照《国家电网公司变电验收管理通用细则（试行） 第 9 分册 并联电容器组验收细则》执行，电容器围栏应留有防止产生感应电流的间隙。

（六）避雷针、构支架、接地装置、绝缘子

第 91 条 电压互感器、避雷器、快速接地开关未采用专用接地线直接连接到地网问题

1. 现状

部分变电站电压互感器、避雷器、快速接地开关通过外壳和支架接地，未采用专用接地线直接连接到地网。

2. 存在问题

（1）问题描述。电压互感器、避雷器、快速接地开关通过外壳和支架接地，发生接地故障时因地电位升高而造成设备损坏。

（2）依据性文件要求。《国家电网公司变电验收通用管理规定（试行） 第 3 分册 组合电器验收细则》中 A.8 组合电器中间验收标准卡的 3 接地检查规定：⑥接地排应直接连接到地网，电压互感器、避雷器、快速接地开关应采用专用接地线直接连接到地网，不应通过外壳和支架接地。如图 3-23 所示。

GB 50169—2016《电气装置安装工程接地装置施工及验收规范》第 3.3.12 条规定，发电厂、变电站电气装置下列

图 3-23 GIS 设备采用专用接地线

部位应采用专门敷设的接地线接地：气体绝缘金属封闭开关设备的接地母线、接地端子，避雷器、避雷针、避雷线的接地端子。

（3）分析解释。电压互感器、避雷器、快速接地开关采用专用接地线，可以有效避免发生接地故障时因地电位的升高而造成设备损坏。

3. 执行意见

参照《国家电网公司变电验收通用管理规定（试行）　第3分册　组合电器验收细则》执行。

第92条　关于主变压器低压侧设备装设接地线问题

1. 现状

主变压器连接线、35 kV 及以下母线排、电容器连接线等绝缘化处理后，未留有装设接地线的位置。

2. 存在问题

（1）问题描述。主变压器低压侧设备绝缘化处理后，未留有装设接地线的位置，导致现场运维人员无法布置安全措施，不便于设备检修。

（2）依据性文件要求。《国家电网公司变电验收通用管理规定　第1分册　油浸式变压器（电抗器）验收细则》A.14 中其他验收的第52条35、20、10kV 铜排母线桥：①装设绝缘热缩保护，加装绝缘护层，引出线需用软连接引出；②引排挂接地线处三相应错开。

（3）分析解释。主变压器连接线、35kV 及以下母线排、电容器连接线等绝缘化处理后未留有装设接地线的位置，导致隔离开关操作装设接地线极为不便，严重影响工作效率，增加工作难度。

3. 执行意见

主变压器连接线、35kV 及以下母线排、电容器连接线等绝缘化处理后应在合适地点留有装接地线的空间，三相应错开。

第93条　变电站独立避雷针与道路相距过小问题

1. 现状

由于设计原因，变电站站内1、2号独立避雷针与道路相距不足 3 m，如图3-24所示。

2. 存在问题

（1）问题描述。新建变电站由于设计原因，站内1、2号独立避雷针与道路

图 3-24　独立避雷针与道路相距过小

相距不足 3 m，易导致雷击过电压。

（2）依据性文件要求。《国家电网公司变电验收管理规定（试行） 第 28 分册 避雷针验收细则》中 A.3 第 6 条规定：⑥独立避雷针及其接地装置与道路或建筑物的出、入口的距离应大于 3 m，当小于或等于 3m 时，应采取均压措施或铺设卵石或沥青地面。

（3）分析解释。当独立避雷针落雷后，会产生反击过电压。若运维人员此时距离道路过近，会有生命危险。

3. 执行意见

按照《国家电网公司变电验收管理规定（试行） 第 28 分册 避雷针验收细则》中 A.3 的要求执行：独立避雷针及其接地装置与道路或建筑物的出、入口的距离应大于 3 m，当小于或等于 3m 时，应采取均压措施或铺设卵石或沥青地面。

第 94 条 关于独立避雷针、构架避雷针选型问题

1. 现状

部分变电站独立避雷针、构架避雷针采用钢管式结构。

2. 存在问题

（1）问题描述。变电站独立避雷针、构架避雷针采用钢管式结构，易发生避雷针断裂故障。

（2）依据性文件要求。《十八项反措》第 14.7.1.1 条：构架避雷针设计时应统筹考虑站址环境条件、配电装置构架结构形式等，采用格构式避雷针或圆管型避雷针等结构形式。

《十八项反措》第 14.7.1.2 条：构架避雷针结构形式应与构架主体结构形式协调统一，通过优化结构形式，有效减小风阻。构架主体结构为钢管人字柱时，宜采用变截面钢管避雷针；构架主体结构采用格构柱时，宜采用变截面格构式避雷针。构架避雷针如采用管型结构，法兰连接处应采用有劲肋板法兰刚性连接。

（3）分析解释。依据 2015 年以来国家电网有限公司系统 750 kV DH、YD 变电站发生的两起避雷针掉落事件，根据《国家电网公司关于印发构架避雷针反事故措施及相关故障分析报告的通知》（国家电网运检〔2015〕556 号）的要求，提出该条款。

3. 执行意见

按照《十八项反措》第 14.7.1.1 条执行：构架避雷针设计时应统筹考虑站址

环境条件、配电装置构架结构形式等，采用格构式避雷针或圆管型避雷针等结构形式。

（七）站用电（交流系统及 UPS）

第 95 条　关于不间断电源（UPS）装置交、直流电源接取问题

1. 现状

部分变电站 UPS 装置交、直流主输入，以及旁路输入电源取自同一母线。

2. 存在问题

（1）问题描述。部分变电站 UPS 装置的交、直流主输入，以及旁路输入电源取自同一母线，易导致多条支路同时失电，设备故障。

（2）依据性文件要求。《十八项反措》第 5.2.1.9 条：站用交流母线分段的，每套站用交流不间断电源装置的交流主输入、交流旁路输入电源应取自不同段的站用交流母线。两套配置的站用交流不间断电源装置交流主输入应取自不同段的站用交流母线，直流输入应取自不同段的直流电源母线。

（3）分析解释。变电站站用交流 UPS 装置的主路、旁路及直流电源要求从不同电源母线引接，保证 UPS 供电可靠性。

3. 执行意见

直流电源分配时应充分考虑一一对应，无论单套还是双套保护装置，其直流电源与其相关设备（电子式互感器、合并单元、智能终端、网络设备、操作箱、跳闸线圈等）的直流电源均应取自与同一蓄电池组相连的直流母线，避免交叉。

第 96 条　关于 UPS 输入电压的问题

1. 现状

YD/T 1095—2018《通信用交流不间断电源（UPS）》中输入电压范围与国家电网有限公司的物资采购标准《UPS（不间断电源）通用技术规范》的输入电压范围不一致。

2. 存在问题

（1）问题描述。YD/T 1095—2018《通信用交流不间断电源（UPS）》中输入电压范围与国家电网有限公司的物资采购标准《UPS（不间断电源）通用技术规范》的输入电压范围要求不一致，现场执行有争议。

（2）依据性文件要求。YD/T 1095—2018《通信用交流不间断电源（UPS）》第 4 章 4.3.1，详见表 3-1。

表 3-1 在线式 UPS 电气性能

指标项目	技术要求			备注
	I	II	III	
输入电压	165~275 V	176~264 V	187~242 V	相电压
可变范围	285~475 V	304~456 V	323~418 V	线电压

《UPS（不间断电源）通用技术规范》第 2 章 2.3.1 规定，交流输入电压：单相 AC 220（1±10%）V 或三相 AC 380（1±10%）V。

（3）分析解释。由于《UPS（不间断电源）通用技术规范》为 2009 年版国家电网公司物资采购标准电源系统卷（第二批），编号为 1102010-0220/0330/0500/0750-00，考虑供电可靠性等因素，故电压可变范围相较于 YD/T 1095—2018《通信用交流不间断电源（UPS）》中指标范围变小。

3. 执行意见

按照《国家电网公司物资采购标准（2009 年版）电源系统卷（第二批）UPS（不间断电源）通用技术规范》执行，即交流输入电压：单相 AC 220（1±10%）V 或三相 AC 380（1±10%）V。

第 97 条　关于 110 kV 变电站 UPS 配置问题

1. 现状

相关规程对 110 kV 变电站 UPS 电源配置要求不一致。

2. 存在问题

（1）问题描述。相关规程对 110 kV 变电站 UPS 电源配置要求不一致，导致现场执行有争议。

（2）依据性文件要求。DL/T 5002—2005《地区电网调度自动化设计技术规程》第 5.5.1 条：远动设备应配备两路独立电源，也可配备不间断电源。

《国调中心关于加强变电站自动化专业管理的工作意见》（调自〔2018〕129 号）第一条：关于 110（66）kV 变电站交流不停电电源系统配置的要求。

《国家电网公司输变电工程通用设计 110（66）kV 智能变电站模块化建设》第 7.4.6.3 条：全站宜配置 1 套交流不停电电源系统，主机单套配置。

《十八项反措》第 16.1.1.5 条：厂站远动装置、计算机监控系统及其测控单元等自动化设备应采用冗余配置的 UPS 或站内直流电源供电。

《国家电网公司输变电工程通用设计 110（66）~750 kV 智能变电站部分》第 24.5.4 条：110 kV 变电站独立配置一套交流不停电电源系统（UPS），主机采用单套配置方式。

《国家能源局关于印发〈防止电力生产事故的二十五项重点要求〉的通知》

（国能安全〔2014〕161号）第19.1.3条：发电厂、变电站远动装置、计算机监控系统及其测控单元、变送器等自动化设备应采用冗余配置的不间断电源或站内直流电源供电。

（3）分析解释。变电站在设计阶段未考虑单套UPS电源和双套UPS电源对一体化电源系统中直流蓄电池容量计算的影响，导致现场执行有争议。

3. 执行意见

按照《十八项反措》执行。

第98条　变电站应急电源接入问题

1. 现状

部分变电站内没有预留应急电源接入箱或应急电源点。

2. 存在问题

（1）问题描述。变电站交流电源系统没有预留应急电源接入位置，如出现特殊运行方式或异常情况，存在运行风险。

（2）依据性文件要求。《国家电网公司变电验收管理规定（试行）　第23分册　站用交流电源系统验收细则》中A.1的第1条：330 kV及以上变电站应安装应急电源接入箱，220 kV及以下变电站应预留应急电源接入点。

（3）分析解释。在变电站设计阶段未考虑应急电源预留接入位置，未按照规范要求作为招标附件提交，如果发生事故，存在应急电源无法接入的风险。

3. 执行意见

按照《国家电网公司变电验收管理规定（试行）　第23分册　站用交流电源系统验收细则》执行。

第99条　通信单电源问题

1. 现状

某330 kV变电站未配置独立的通信电源，通信装置电源直接取自直流馈电柜，无独立的通信电源馈电柜和通信电源蓄电池。

2. 存在问题

（1）问题描述。新建330 kV及以上变电站未按要求配置两套独立的通信电源，存在通信中断隐患。

（2）依据性文件要求。《十八项反措》第16.3.1.11条：县级及以上调度大楼、地（市）级及以上电网生产运行单位、330 kV及以上电压等级变电站、特高压通信中继站应配备两套独立的通信专用电源（即高频开关电源，以下简称通信电源），每套通信电源应有两路分别取自不同母线的交流输入，并具备自动切换功能。

（3）分析解释。新建 330 kV 及以上变电站未按要求配置两套独立的通信电源，当电源失电时，变电站通信中断。

3. 执行意见

按照《十八项反措》第 16.3.1.11 条执行：新建 330 kV 及以上电压等级变电站应配备两套独立的通信专用电源，每套通信电源应有两路分别取自不同母线的交流输入，并具备自动切换功能。

第 100 条　关于监控系统交流 UPS 维持时间问题

1. 现状

相关规程对监控系统交流 UPS 维持时间的表述不一致。

2. 存在问题

（1）问题描述。外供交流电消失后，UPS 电池满载供电维持时间的要求的相关表述不一致。

（2）依据性文件要求。DL/T 5002—2005《地区电网调度自动化设计技术规程》第 4.6.2 条：为保证供电的可靠和质量，计算机监控系统应采用交流不间断电源供电，交流外供电源失电后维持供电宜为 2 h。

《十八项反措》第 16.1.1.2 条：调度自动化系统应采用专用的、冗余配置不间断电源（UPS）供电，UPS 单机负载率不应高于 40%。外供交流电消失后 UPS 电池满载供电时间应不小于 2 h。

（3）分析解释。DL/T 5002—2005《地区电网调度自动化设计技术规程》为 2005 年发布，《十八项反措》为 2018 年发布。

3. 执行意见

按照《十八项反措》执行，建议适时修订 DL/T 5002—2005《地区电网调度自动化设计技术规程》。

（八）直流电源

第 101 条　关于直流空气断路器级差配合的问题

1. 现状

变电站直流空气断路器不满足上、下级的级差配合关系。

2. 存在问题

（1）问题描述。直流电源回路空气断路器上、下级的级差配合不正确，存在下一级故障引起上一级断路器误动作的可能。

（2）依据性文件要求。《十八项反措》第 5.3.1.1 条：设计资料中应提供全站直流系统上下级差配置图和各级断路器（熔断器）级差配合参数。第 5.3.1.13 条：直流断路器不能满足上、下级保护配合要求时，应选用带短路短延时保护特性的直流断路器。第 5.3.2.1 条：新建变电站投运前，应完成直流电源系统断路器上下级级差配合试验，核对熔断器级差参数后，合格后方可投运。

依据《国家电网公司变电评价通用管理规定　第 24 分册　站用直流电源系统精益化评价细则》中关于直流回路使用空气断路器、熔断器的要求：除蓄电池出口总熔断器以外，其余均为直流专用断路器。当直流断路器与熔断器配合时，级差配置合理，直流断路器下一级不应再接熔断器。

（3）分析解释。变电站设计资料应提供全站直流系统上下级级差配置图和各级断路器（熔断器）极差配合参数。设备技术规范书提报时，设计单位应提供关于选用带短路短延时保护特性的书面要求，并作为招标附件提交。新建变电站投运前，应完成直流电源系统断路器上下级级差配合试验，核对熔断器级差参数后，合格后方可投运。

3. 执行意见

按照《十八项反措》执行，变电站直流空气断路器应满足上下级级差配合关系。

第 102 条　关于 35（10）kV 开关柜的直流供电方式问题

1. 现状

35（10）kV 开关柜的直流供电方式为小母线供电方式。

2. 存在问题

（1）问题描述。各相关规程对 35（10）kV 开关柜配电装置供电方式的要求不一致，导致直流供电方式各不相同，现场执行存在差异。

（2）依据性文件要求。《十八项反措》第 5.1.1.9 条：35（10）kV 开关柜可采用每段母线敷设供电方式，即在每段母线柜顶设置 1 组直流小母线，每组直流小母线由 1 路直流馈线供电，35（10）kV 开关柜配电装置由柜顶直流小母线供电。

《国家能源局关于印发〈防止电力生产事故的二十五项重点要求〉的通知》（国能安全〔2014〕161 号）第 22.2 条：防止变电站和发电厂升压站全停事故。第 22.2.3 条：加强直流系统配置及运行管理。第 22.2.3.7 条：变电站、发电厂升压站直流系统的馈出网络应采用辐射状供电方式，严禁采用环状供电方式。第 22.2.3.8 条：变电站直流系统对负荷供电，应按电压等级设置分电屏供电方式，不应采用直流小母线供电方式。

《国家电网公司关于印发〈防止变电站全停十六项措施（试行）〉的通知》（国家电网运检〔2015〕376 号）第 8.1.3 条：新建变电站直流负载供电，66 kV 及以上应按电压等级设置分电屏供电方式，不应采用直流小母线供电方式。

（3）分析解释。直流系统的供电方式一般有环状供电方式和辐射供电方式。以往直流系统的供电多采用环状供电方式，但它的网络接线较复杂，容易造成供电回路的误并联，不易查找接地故障。而辐射状供电方式具有网络接线简单、可靠易于接地故障等优点，因此近年来多采用辐射状供电方式。但是辐射状供电方式耗用电缆和直流屏柜较多，对 110 kV 及以下变电站而言性价比不是很高，因此应针对不同电压等级区别对待。

对于 35 kV 及 10 kV 开关柜的直流供电，若全部取自分电柜，则会增加大量直流馈出回路分电柜及电缆，同时增加大量敷设电缆的工程量。工程中若全站仅设置一段柜顶小母线环状供电，会因供电对象太多而使得查找接地故障相对较难。因此，建议按每段 35（10）kV 开关柜顶直流网络采用环状供电方式，即在每段母线柜顶设置 1 组直流小母线，每组直流小母线由 1 路直流馈线供电，35（10）kV 开关柜配电装置由柜顶直流小母线供电。

3. 执行意见

按照《十八项反措》第 5.1.1.9 条执行，35（10）kV 开关柜可采用每段母线敷设供电方式，即在每段母线柜顶设置 1 组直流小母线，每组直流小母线由 1 路直流馈线供电，35（10）kV 开关柜配电装置由柜顶直流小母线供电。

第 103 条 关于直流电源分配不合理的问题

1. 现状

某 330 kV 变电站 35 kV、10 kV 所有间隔保护装置、控制电源取自直流系统不同段。在此方式下，如果直流系统任何一段发生故障无法恢复，将导致 35 kV、10 kV 所有间隔均被迫停运（装置电源和控制电源必有一个失电），将导致无站用变压器运行，致使事故扩大。

110 kV 分段、母联保护装置电源与合并单元、智能终端装置电源及控制电源取自不同母线段。在此方式下，如果任何一段直流母线发生故障无法恢复，将导致分段、母联断路器被迫停用。

2. 存在问题

（1）问题描述。保护装置直流电源分配不合理，一旦直流系统任何一段发生永久性故障，导致一次设备被迫停用。

（2）依据性文件要求。《十八项反措》第 15.2.2.2 条：两套保护装置的直流电源应取自不同蓄电池组连接的直流母线段。每套保护装置与其相关设备（电子式互感器、合并单元、智能终端、网络设备、操作箱、跳闸线圈等）的直流电源均应取自与同一蓄电池组相连的直流母线，避免因一组站用直流电源异常对两套保护功能同时产生影响而导致的保护拒动。

（3）分析解释。直流电源分配时应充分考虑一一对应，无论单套或者双套保护装置，其直流电源与其相关设备（电子式互感器、合并单元、智能终端、网络设备、操作箱、跳闸线圈等）的直流电源均应取自与同一蓄电池组相连的直流母线，避免交叉。而如果保护装置及相关设备取自不同母线，任一母线异常将不可避免导致保护装置停用，造成事故扩大。

3. 执行意见

按照《十八项反措》第 15.2.2.2 条执行。

第 104 条　蓄电池组中蓄电池布局问题

1. 现状

蓄电池组中蓄电池间距过近，如图 3-25 所示。

2. 存在问题

（1）问题描述。蓄电池组中蓄电池间距过近，易导致发热或设备故障。

（2）依据性文件要求。《国家电网公司变电验收管理规定（试行）　第 24 分册　站用直流系统验收细则》规定，蓄电池柜内的蓄电池应摆放整齐并保证足

图 3-25　蓄电池间距过近

够的空间：蓄电池间不小于 15 mm，蓄电池与上层隔板间不小于 150 mm。

（3）分析解释。国家电网有限公司对蓄电池的空间规定较为细致，而电力行业标准只规定了台架安装等方面，无蓄电池安装间距的相关规定。

3. 执行意见

按照《国家电网公司变电验收管理规定（试行）　第 24 分册　站用直流系统验收细则》执行。

第 105 条　变电站交、直流系统空气断路器位置信号接入问题

1. 现状

变电站交、直流系统空气断路器位置信号未全部上传。

2. 存在问题

（1）问题描述。在施工现场，变电站交、直流系统重要空气断路器未设置辅助触点，未全部上传。

（2）依据性文件要求。现场运行习惯。

（3）分析解释。交、直流系统是保证变电站正常运行的基础，而重要空气断路器未设置辅助触点，未上传监控后台，如果出现故障，则无法准确判断故

障点的位置。

3. 执行意见

在工程设联会时，由运行单位对空气断路器位置信号上送提出明确要求，列入会议纪要，各单位严格按照设联会会议纪要执行，验收时不再提出差异。

第 106 条　直流绝缘监测装置的平衡桥接入问题

1. 现状

直流电源系统绝缘监测装置的平衡桥和检测桥的接地端，以及微机型继电保护装置柜屏内的交流供电电源（照明、打印机和调制解调器）的中性线（零线）接入保护专用的等电位接地网。

2. 存在问题

（1）问题描述。部分变电站内直流电源系统绝缘监测装置的平衡桥和检测桥的接地端都接在了保护专用的等电位接地网，影响等电位接地网。

（2）依据性文件要求。《十八项反措》第 15.6.2.4 条：直流电源系统绝缘监测装置的平衡桥和检测桥的接地端以及微机型继电保护装置柜屏内的交流供电电源（照明、打印机和调制解调器）的中性线（零线）不应接入保护专用的等电位接地网。

（3）分析解释。在变电站设计阶段，未考虑直流电源系统绝缘监测装置的平衡桥和检测桥的接地问题。因绝缘监测装置要能准确测量绝缘电阻，需改变直流电源回路的对地电压，也就改变了直流回路与等电位接地网之间的电压，直流回路与等电位接地网之间分布电容电压变化，等电位接地网会有电容充放电电流流过，影响等电位接地网。

3. 执行意见

按照《十八项反措》第 15.6.2.4 条执行。

第 107 条　330 kV 及以上变电站通信电源配置问题

1. 现状

330 kV 及以上变电站配置一套通信电源或配置两套同源电源。

2. 存在问题

（1）问题描述。新建 330 kV 及以上变电站未按要求配置两套独立的通信电源，当通信电源失电时，会导致变电站通信中断。

（2）依据性文件要求。《十八项反措》第 16.3.1.11 条：县级及以上调度大楼、地（市）级及以上电网生产运行单位、330 kV 及以上电压等级变电站、特高压通信中继站应配备两套独立的通信专用电源（即高频开关电源，以下简称通信电源），每套通信电源应有两路分别取自不同母线的交流输入，并具备自动切换功能。

（3）分析解释。新建 330 kV 及以上变电站设备技术规范书提报时，设计单位未对通信电源配置问题提供书面要求，并作为招标附件提交，导致变电站未配置两套独立的通信电源，不符合运行要求。

3. 执行意见

新建 330 kV 及以上电压等级变电站应配备两套独立的通信专用电源，每套通信电源应有两路分别取自不同母线的交流输入，并具备自动切换功能。

（九）端子箱及检修电源箱

第 108 条　控制柜接地母线铜排绝缘问题

1. 现状

相关规程对控制柜接地母线铜排与柜体绝缘要求不一致。

2. 存在问题

（1）问题描述。相关规程对控制柜接地母线铜排与柜体绝缘要求不一致，现场执行有争议。

（2）依据性文件要求。Q/GDW 441—2010《智能变电站继电保护技术规范》第 6.7.1 条：控制柜应装有 100 mm^2 截面积的铜接地母线，并与柜体绝缘，接地母线末端应装好可靠的压接式端子，以备接到电站的接地网上。

《十八项反措》第 15.6.2.7 条：接有二次电缆的开关场就地端子箱内（汇控柜、智能控制柜）应设有铜排（不要求与端子箱外壳绝缘），二次电缆屏蔽层、保护装置及辅助装置接地端子、屏柜本体通过铜排接地。铜排截面积不应小于 100 mm^2，一般设置在端子箱下部，通过截面积不小于 100 mm^2 的铜缆与电缆沟内不小于的 100 mm^2 的专用铜排（缆）及变电站主地网相连。

（3）分析解释。2018 年的最新反措文件已明确对控制柜接地铜排与柜体是否绝缘不作要求，之前制定的部分标准需适时修订。

3. 执行意见

按照《十八项反措》执行。

第 109 条　关于机构箱内加热器与各元件、电缆和电线距离值的要求问题

1. 现状

机构箱内加热器与各元件、电缆和电线距离值不满足 50 mm 的要求，如图 3-26 所示。

图 3-26　机构箱内加热器与各元件距离过小

2. 存在问题

（1）问题描述。隔离开关机构箱内加热器与各元件、电缆和电线距离值要求不一致，只是要求考虑加热器与电缆和电线距离，无明确距离值，且未要求加热器与继电器、接触器、辅助开关、机构箱箱体等其他元件距离。加热器安装位置不到位导致的箱内元件及电缆外绝缘变色甚至硬化现象大量存在。

（2）依据性文件要求。GB/T 11022—2011《高压开关设备和控制设备标准的共用技术要求》第 5.4.5.5.2 条电缆和电线中：接线应考虑与加热元件的距离。第 5.4.5.5.9 条加热元件中：所有的加热元件应是非暴露型的。加热器应置于不会引起接线或元件运行劣化的位置。如果能偶然触及加热器或其防护板，则表面温度不应超过表 3 中规定的正常运行时无需触及的可触及部件的温升限值。

GB 50147—2010《电气装置安装工程高压电器施工及验收规范》第 8.2.6 条操动机构的安装调整中：机构箱应密闭良好、防雨防潮性能良好，箱内安装有防潮装置时，加热装置应完好，加热器与各元件、电缆及电线的距离应大于 50 mm。

DL/T 593—2016《高压开关设备和控制设备标准的共用技术要求》中相关要求与 GB/T 11022—2011 一致。

DL/T 486—2010《高压交流隔离开关和接地开关》第 5.104 条隔离开关和接地开关的操作等一系列规定（此处省略）。

（3）分析解释。设备技术规范书提报时，设计单位未对机构箱内部加热器位置与各元件、电缆及电线的距离问题提供书面要求，并作为招标附件提交，导致产品投入使用后加热器对其他元件及电缆构成威胁，特别是控制和辅助回路电缆若与加热器距离过近，极易导致电缆外绝缘失去作用而导致其短路，同时加快其他元件老化速度。

3. 执行意见

按照 GB 50147—2010《电气装置安装工程高压电器施工及验收规范》执行，机构箱内部加热器位置应在产品设计和生产阶段明确与各元件、电缆及电线的距离，不应小于 50 mm。

第 110 条　关于端子箱二次等电位接地铜排配置问题

1. 现状

电容器端子箱、主变压器本体端子箱等小型端子箱内未设计二次等电位接地铜排，导致电缆屏蔽层接地、电流电压二次回路接地无法接线。

2．存在问题

（1）问题描述。站内落地式端子箱均配置有截面积不小于 100 mm² 的接地铜排，电容器、主变压器本体端子箱等体积较小的、安装在设备本体附近的端子箱无等电位接地铜排。

（2）依据性文件要求。《十八项反措》第 15.6.2.1 条：微机保护和控制装置的屏柜下部应设有截面积不小于 100 mm² 的铜排（不要求与保护屏绝缘），屏柜内所有装置、电缆屏蔽层、屏柜门体的接地端应用截面积不小于 4 mm² 的多股铜线与其相连，铜排应用截面积不小于 50 mm² 的铜缆接至保护室内的等电位接地网。

（3）分析解释。端子箱内缺少等电位接地铜排，将导致电容器放电间隙二次电压、主变压器套管电流、电缆屏蔽层等无处接线，只能压接在端子箱本体处。

3．执行意见

按照《十八项反措》第 15.6.2.1 条执行，加强等电位接地铜排管理，在二次设备端子箱均安装截面积不小于 100 mm² 的接地铜排。

第 111 条　关于温控器、继电器等二次元件无 "3C" 认证的问题

1．现状

由于温控器、继电器等二次元件为外购件，安装厂家无法提供二次元件满足中国强制性产品认证（"3C" 认证）标志的依据或同等级检测的报告。

2．存在问题

（1）问题描述。温控器、继电器无 "3C" 认证，导致设备质量参差不齐，设备运行存在安全隐患。

（2）依据性文件要求。《十八项反措》第 12.1.1.6.1 条：温控器（加热器）、继电器等二次元件应取得 "3C" 认证或通过与 "3C" 认证同等的性能试验，外壳绝缘材料阻燃等级应满足 V-0 级，并提供第三方检测报告。

（3）分析解释。安装厂家应要求温控器、继电器等外购件满足 "3C" 认证要求，不能在安装现场以自身无资质为由拒绝提供检测报告。

3．执行意见

按照《十八项反措》执行，站内所有二次元件必须通过 "3C 认证"。

第 112 条　关于户外检修电源的问题

1．现状

部分变电站未设置大功率检修电源箱，不利于后期扩建，且未配置 220 V 检修专用空气断路器。

2. 存在问题

（1）问题描述。部分变电站未设置大功率检修电源箱，不利于后期扩建，变电站新建工程检修电源箱内未设计 220 V 专用检修电源空气断路器，仅配置 380 V 检修电源空气断路器。

（2）依据性文件要求。《国网宁夏电力设备部关于印发〈国网宁夏电力有限公司输变电工程可研初设审查作业卡（试行）〉的通知》（宁电设备字〔2019〕54 号）C21 端子箱及检修电源箱审查要点 5 中检修电源箱配置：①检修电源箱配置数量满足站内各区域检修作业用电要求。②考虑大功率负荷（如真空滤油机）用电需求。

（3）分析解释。设备技术规范书提报时，设计单位未考虑检修电源箱内空气断路器功率不满足大型检修作业用电的要求，未对检修电源箱内空气断路器功率提供书面要求，并作为招标附件提交，导致投运后给检修工作带来不便，未配置 220 V 专用检修电源空气断路器，导致运维单位在日后检修过程中不便。

3. 执行意见

按照《国网宁夏电力设备部关于印发〈国网宁夏电力有限公司输变电工程可研初设审查作业卡（试行）〉的通知》（宁电设备字〔2019〕54 号）执行，变电站设计时设置大功率检修电源箱，以满足大型检修工作的需要。户外检修电源箱内需配置 380 V 及 220 V 检修电源，检修电源方式包含电源空气断路器及接零插座，根据各配电装置实际检修电源负荷确定空气断路器容量。

（十）电缆选择与敷设

第 113 条　关于蓄电池电缆敷设通道的问题

1. 现状

两组及以上蓄电池组电缆同沟敷设，未敷设在各自独立的通道内。

2. 存在问题

（1）问题描述。两组及以上蓄电池组电缆未分别敷设在各自独立的通道内，在穿越电缆竖井时，两组蓄电池电缆未加穿金属套管。

（2）依据性文件要求。《十八项反措》第 5.3.2.4 条：直流电源系统应采用阻燃电缆。两组及以上蓄电池组电缆，应分别铺设在各自独立的通道内，并尽量沿最短路径敷设。在穿越电缆竖井时，两组蓄电池电缆应分别加穿金属套管。对不满足要求的运行变电站，应采取防火隔离措施。

《国家电网公司关于印发〈防止变电站全停十六项措施（试行）〉的通知》（国家电网运检〔2015〕376 号）第 14.4.6 条：直流系统两组及以上蓄电池的电

缆应分别铺设在各自独立的通道内，尽量避免与交流电缆并排铺设，对不满足上述要求的变电站采取加装防火墙等隔离措施。

DL/T 5044—2014《电力工程直流电源系统设计技术规程》第6.3.2条：蓄电池电缆的正极和负极不应共用一根电缆，该电缆宜采用独立通道，沿最短路径敷设。

（3）分析解释。《十八项反措》已明确要求，两组及以上蓄电池组电缆，应分别铺设在各自独立的通道内，并尽量沿最短路径敷设。在穿越电缆竖井时，两组蓄电池电缆应分别加穿金属套管。对不满足要求的运行变电站，应采取防火隔离措施。为防止一旦电缆沟着火，站用直流全部失去，从而引发变电站全停，应强制执行该防火隔离措施。

3. 执行意见

按照《十八项反措》第5.3.2.4条执行，两组及以上蓄电池组电缆应分别敷设在各自独立的通道内，并尽量沿最短路径敷设。在穿越电缆竖井时，两组蓄电池电缆应分别加穿金属套管。对不满足要求的运行变电站，应采取防火隔离措施。

第 114 条　35 kV 高压电力电缆选型问题

1. 现状

变电站内 35 kV 高压电力电缆采用单芯无铠装电力电缆。

2. 存在问题

（1）问题描述。由于电缆置于户外且部分穿管，未采用铠装电缆，电缆易受损伤。

（2）依据性文件要求。GB 50217—2018《电力工程电缆设计标准》第3.4.1条：交流系统单芯电力电缆，当需要增强电缆抗外力时，应选用非磁性金属铠装层，不得选用未经非磁性有效处理的钢制铠装。

根据国网物资采购标准，无非磁性铠装规格的高压单芯电力电缆。

（3）分析解释。不带铠装层高压电力电缆在承受较大压力时可能受力导致绝缘损伤。但变电站高压电力电缆均在电缆沟内走线，出沟后经过穿管与设备（电容器、电抗器、开关柜）对接，没有承受较大压力的风险。

3. 执行意见

按照 GB 50217—2018《电力工程电缆设计标准》第3.4.1条执行，在物资招标情况未能得到有效解决的前提下，变电站 35 kV 高压电力电缆仍采用单芯非铠装非磁性电力电缆。变电站高压电力电缆由电缆沟至设备机构间敷设需采用穿管敷设，单芯电缆不得采用钢管。

四、系统及电气二次

（一）继电保护及安全自动装置

第115条　电压互感器开口三角电压问题

1. 现状

10 kV 电压互感器开口三角电压在电压互感器本体接线盒处串接形成，未单独引至端子排。

2. 存在问题

（1）问题描述。10 kV 电压互感器开口三角电压在电压互感器本体接线盒处串接形成，未单独引至端子排，导致当 10 kV 电压互感器开口三角电压异常时，原因查找困难、后期维护不方便。

（2）依据性文件要求。宁夏电网二次系统设计协调会会议纪要（2016 年 3 月 17 日）要求：电压互感器、电流互感器本体所有二次绕组均应引至端子箱或汇控柜，严禁将备用绕组、开口三角、差压回路、不平衡电压接线在互感器本体二次接线柱短接。

（3）分析解释。电压互感器开口三角每相绕组未单独引至端子排时，当电压互感器开口三角电压异常时，原因查找困难、后期维护不方便。

3. 执行意见

按照宁夏电网二次系统设计协调会会议纪要（2016 年 3 月 17 日）执行，将电压互感器开口三角每相绕组单独引至端子排，在端子排处按照首尾相连的顺序形成开口三角电压。

第116条　关于断路器控制回路设计问题

1. 现状

35 kV 断路器机构分合闸控制回路中串接保护器。

2. 存在问题

（1）问题描述。部分厂家设备分合闸控制回路中串接保护器，目的保护分合闸线圈，防止机构出现故障时烧毁分合闸线圈，从而导致控制回路断线或断路器拒动。

（2）依据性文件要求。《十八项反措》规定：断路器机构分合闸控制回路不应串接整流模块、熔断器或电阻器。

（3）分析解释。断路器机构分合闸控制回路串接熔断器作为分合闸线圈保护器，熔断器烧损后，将导致控制电源消失、断路器拒动。

3. 执行意见

按照《十八项反措》执行，拆除断路器分合闸控制回路中串接的保护器。

第 117 条 关于交流保护电流采样精度要求的问题

1. 现状

相关规程对线路保护装置交流电流采样范围及采样精度要求不一致。

2. 存在问题

（1）问题描述。因相关规程对线路保护装置交流电流采样范围及采样精度要求有差别，导致现场执行有争议。

（2）依据性文件要求。DL/T 478—2013《继电保护和安全自动装置通用技术条件》第 4.3.1 条：a）交流电流回路固有准确度。交流电流在 $0.05I_N \sim 20I_N$ 范围内，相对误差不大于 2.5% 或绝对误差不大于 $0.01I_N$；或在 $0.1I_N \sim 40I_N$ 范围内，相对误差不大于 2.5% 或绝对误差不大于 $0.02I_N$。

Q/GDW 1161—2014《线路保护及辅助装置标准化设计规范》第 4.1.8 条：保护装置的测量范围为 $0.05I_N \sim （20 \sim 40）I_N$，在此范围内保护装置的测量精度均需满足测量误差不大于相对误差 5% 或绝对误差 $0.02I_N$。

（3）分析解释。两个标准对于线路保护装置交流电流采样范围及采样精度的要求不一致。DL/T 478—2013《继电保护和安全自动装置通用技术条件》对保护装置交流电流采样的范围及精度要求更细致、更严格。

3. 执行意见

按照 DL/T 478—2013《继电保护和安全自动装置通用技术条件》执行。

第 118 条 关于 TA 断线闭锁母线差动保护设计要求

1. 现状

对于 3/2 接线等双断路器主接线方式，相关规程对电流互感器（TA）断线闭锁母线差动保护要求有差别。

2. 存在问题

（1）问题描述。因相关规程对 TA 断线闭锁母线差动保护要求有差别，导致现场执行有争议。

（2）依据性文件要求。Q/GDW 1175—2013《变压器、高压并联电抗器和母线保护及辅助装置标准化设计规范》第 7.2.1 条：d）具有 TA 断线告警功能，除母联（分段）TA 断线不闭锁差动保护外，其余支路 TA 断线后固定闭锁差动保护。

DL/T 670—2010《母线保护装置通用技术条件》第 5.1.1.8 条：装置应具有 TA 断线判别功能，发生 TA 断线后应发告警信号，对于双母线等单断路器主接线应闭锁母线差动保护，对于 3/2 接线等双断路器主接线可以不闭锁母线差动保护。

（3）分析解释。对于 3/2 接线等双断路器主接线，Q/GDW 1175—2013 要求

TA 断线后固定闭锁差动保护，DL/T 670—2010 要求可以不闭锁母线差动保护。由于母线连接设备间隔数量较多，TA 断线后闭锁差动保护可以防止母线差动保护误动，同时对于 3/2 接线等双断路器主接线，母线差动保护通常双重化配置，一套母线差动保护闭锁不影响另一套母线差动保护的正确动作。

3. 执行意见

按照 Q/GDW 1175—2013《变压器、高压并联电抗器和母线保护及辅助装置标准化设计规范》执行。

第 119 条 关于母线差动保护跳母联、分段断路器经电压闭锁设计要求的问题

1. 现状

相关规程对母线差动保护跳母联、分段断路器经电压闭锁不一致。

2. 存在问题

（1）问题描述。因相关规程对母线差动保护跳母联、分段断路器经电压闭锁有区别，导致现场执行有争议。

（2）依据性文件要求。Q/GDW 1175—2013《变压器、高压并联电抗器和母线保护及辅助装置标准化设计规范》第 7.2.1 条：i）差动保护出口经本段电压元件闭锁，除双母双分段分段断路器以外的母联和分段经两段母线电压"或门"闭锁，双母双分段分段断路器不经电压闭锁。

DL/T 670—2010《母线保护装置通用技术条件》第 5.1.1.4 条：母差跳母联和分段可不经电压闭锁。

前者要求除双母双分段分段断路器以外的母联和分段经两段母线电压"或门"闭锁，后者要求全部母联和分段可不经电压闭锁。

（3）分析解释。母线差动保护经电压闭锁可以防止母线差动保护误动，双母双分段分段断路器可不经电压闭锁，即使误跳也不会影响变电站电网结构；其他母联和分段断路器若不经电压闭锁，误跳后会导致母线分裂运行，影响电网运行安全。

3. 执行意见

按照 Q/GDW 1175—2013《变压器、高压并联电抗器和母线保护及辅助装置标准化设计规范》执行。

第 120 条 关于 35 kV 及以下开关柜保护开关量要求的问题

1. 现状

相关规程对 35 kV 及以下开关柜保护开关量的要求不一致。

2. 存在问题

（1）问题描述。相关规程对 35 kV 及以下开关柜保护开关量要求有区别，导致现场执行有争议。

（2）依据性文件要求。Q/GDW 10767—2015《10 kV ~ 110（66）kV 元件保护及辅助装置标准化设计规范》第 7.3.3.1 条：n）遥信开入（不少于 10 个）；7.3.4.1 条：a）保护跳闸（1 组）。

Q/GDW 11768—2017《35 kV 及以下开关柜继电保护装置通用技术条件》附录 C.2 中注 2：15 路遥信开入；注 3：保护跳闸、保护合闸，断路器分、合，3 组备用遥控分、合，2 副跳闸备用接点。

（3）分析解释。两个标准不矛盾，Q/GDW 11768—2017《35 kV 及以下开关柜继电保护装置通用技术条件》为实现保护装置的通用性及易维护性，对保护装置接口提出了更明确的要求。

2. 执行意见

按照 Q/GDW 11768—2017《35 kV 及以下开关柜继电保护装置通用技术条件》执行。

第 121 条　关于 220 kV 及以上智能变电站取消合并单元要求的问题

1. 现状

相关规程对涉及系统稳定的 220 kV 新建、扩建或改造的智能变电站采用常规互感器时，通过二次电缆直接接入保护装置的要求不一致。

2. 存在问题

（1）问题描述。相关规程对涉及系统稳定的 220 kV 新建、扩建或改造的智能变电站采用常规互感器时，通过二次电缆直接接入保护装置的要求不一致，导致现场执行有争议。

（2）依据性文件要求。《十八项反措》第 15.7.1.3 条：330 kV 及以上和涉及系统稳定的 220 kV 新建、扩建或改造的智能变电站采用常规互感器时，应通过二次电缆直接接入保护装置。

《国网基建部关于发布〈330 ~ 750 kV 智能变电站通用设计二次系统修订版〉的通知》（基建技术〔2015〕55 号）第一条：220 kV 及以下电压等级，保护、故障录波、测控、PMU（如有）、测距（如有）、电能计量等各功能二次设备统一仍经合并单元采样，同智能变电站现行技术模式。

《输变电工程设计常见病清册（2018 年版）》（基建技术〔2018〕29 号）变电二次部分第 31 条：新建 220 kV 变电站引起网架变化，经过系统稳定计算，部分回路存在热稳定问题，变电站主变压器及 220 kV 未配置合并单元，SV 采用电缆直接采样，与通用设计不符。

（3）分析解释。常规互感器经合并单元接入保护装置给继电保护带来速动性和可靠性问题，近年来已发生多次因合并单元异常导致的继电保护不正确动作事件，对电网安全稳定运行造成严重影响。

综合考虑智能站站内采样模式的一致性，进一步提高设备运维的便利性和可靠性，对于 330 kV 及以上和涉及所有系统稳定的 220 kV 新建、扩建或改造的智能变电站采用常规互感器时，全站保护装置应通过二次电缆直接采样。

3. 执行意见

按照《十八项反措》执行，建议适时修订《国网基建部关于发布〈330 ~ 750 kV 智能变电站通用设计二次系统修订版〉的通知》（基建技术〔2015〕55 号）以及《输变电工程设计常见病清册（2018 年版）》（基建技术〔2018〕29 号）相关内容。

第 122 条　关于智能变电站智能终端动作时间的问题

1. 现状

相关规程对智能终端动作时间的要求不一致。

2. 存在问题

（1）问题描述。相关规程对智能终端动作时间的要求不一致，导致现场执行有争议。

（2）依据性文件要求。Q/GDW 11486—2015《智能变电站继电保护和安全自动装置验收规范》第 7.7.3.3 条：模拟智能终端跳闸出口，记录自收到 GOOSE（通用面向对象变电站事件）命令到出口继电器触点工作的时间，不应大于 5 ms。

Q/GDW 441—2010《智能变电站继电保护技术规范》第 6.5.1 条 f）：智能终端的动作时间不应大于 7 ms。

Q/GDW 11286—2014《智能变电站智能终端检测规范》第 7.5.1.2 条：智能终端收到保护跳闸命令后到开出硬接点的时间不应大于 7 ms。

（3）分析解释。智能终端动作时间技术要求不大于 7 ms，目前部分厂家智能终端动作时间可以达到不超过 5 ms，有利于缩短跳闸时间，尽快隔离故障。

3. 执行意见

Q/GDW 441—2010 按照《智能变电站继电保护技术规范》执行。

第 123 条　关于智能变电站故障录波器跨接双网要求的问题

1. 现状

在采用混合信号（如模拟量采样、GOOSE 跳合闸）输入的录波器时，录波器采集单元单配置会造成跨接双网。

2. 存在问题

（1）问题描述。在采用混合信号（如模拟量采样、GOOSE 跳合闸）输入的录波器时，其采集单元单配置会造成跨接双网的问题，不满足 Q/GDW 10976—2017《电力系统动态记录装置技术规范》的要求。

（2）依据性文件要求。Q/GDW 10976—2017《电力系统动态记录装置技术规范》第 8.1.3 条：数字量及混合信号输入的动态记录装置不应跨接双重化的两个网络。

《国网基建部关于发布〈330～750 kV 智能变电站通用设计二次系统修订版〉的通知》（基建技术〔2015〕55 号）二次设备配置要求：750 kV、500 kV、330 kV 按电压等级配置单套故障录波；220 kV 及以下电压等级按网络配置故障录波；主变压器故障录波单套独立配置。

（3）分析解释。智能变电站过程层网络、间隔层网络双重化配置时，应保证网络的独立性，确保双重化继电保护系统的可靠性。

3. 执行意见

智能变电站过程层网络、间隔层网络双重化配置时，按照 Q/GDW 10976—2017《电力系统动态记录装置技术规范》执行，录波器采集单元应双重化配置，不跨接双重化的两个网络。

第 124 条　关于智能变电站智能终端 SOE 分辨率要求的问题

1. 现状

相关规程对智能终端事件顺序记录（SOE）分辨率要求不一致。

2. 存在问题

（1）问题描述。相关规程对智能终端 SOE 分辨率要求不一致，导致现场执行有争议。

（2）依据性文件要求。Q/GDW 428—2010《智能变电站智能终端技术规范》第 4.1.9 条：装置的 SOE 分辨率应小于 2 ms。

Q/GDW 1902—2013《智能变电站 110 kV 合并单元智能终端集成装置技术规范》第 7.4 条 e）：装置的 SOE 分辨率不应大于 1 ms。

（3）分析解释。Q/GDW 428—2010《智能变电站智能终端技术规范》适用于各电压等级各种类型的智能终端设备，Q/GDW 1902—2013《智能变电站 110kV 合并单元智能终端集成装置技术规范》仅适用于 110kV 合并单元智能终端集成装置。

3. 执行意见

按照 110 kV 合并单元智能终端集成装置 SOE 分辨率不应大于 1 ms，其他智能终端装置 SOE 分辨率应小于 2 ms。

第 125 条　关于智能变电站光纤回路衰耗要求的问题

1. 现状

相关规程对 1310 nm 和 850 nm 光纤回路的衰耗的要求有差异。

2. 存在问题

（1）问题描述。相关规程对于 1310 nm 和 850 nm 光纤回路的衰耗的要求有差异，导致现场执行有争议。

（2）依据性文件要求。Q/GDW 1809—2012《智能变电站继电保护检验规范》第 6.3.1.3.1 条：1310 nm 和 850 nm 光纤回路的衰耗不应大于 3 dB。

Q/GDW 11051—2013《智能变电站二次回路性能测试规范》第 5.1.2 条：1310 nm 和 850 nm 光纤回路的衰耗不大于 0.5 dB。

（3）分析解释。光纤衰耗是光纤最重要的特性参数之一，决定光纤通信的中继距离，光纤衰耗越小越好，应按照最严格要求执行。

3. 执行意见

按照 Q/GDW 11051—2013《智能变电站二次回路性能测试规范》执行。

第 126 条　关于 110（66）kV 变电站故障录波装置配置要求的问题

1. 现状

相关规程对 110（66）kV 变电站故障录波器配置的要求不一致。

2. 存在问题

（1）问题描述。相关规程对 110kV（66kV）变电站故障录波器配置的要求不一致，导致现场执行有争议。

（2）依据性文件要求。《国网公司 2011 年新建变电站设计补充规定》（国家电网基建〔2011〕58 号）第 6.2.3 条 b）：110 kV（66 kV）变电站全站宜统一配置故障录波装置。

《十八项反措》第 15.1.19 条：110（66）kV 及以上电压等级变电站应配置故障录波器。

（3）分析解释。110（66）kV 变电站可靠运行关系配电网的可靠供电，配置故障录波器对于分析设备故障原因、尽快恢复供电起着非常重要的作用，因此应配置故障录波器。

3. 执行意见

按照《十八项反措》执行。

第 127 条　关于继电保护装置投运前带负荷试验的问题

1. 现状

相关规程对继电保护装置投运前负荷试验的要求不一致。

2. 存在问题

（1）问题描述。继电保护装置投运前，Q/GDW 1914—2013《继电保护及安全自动装置验收规范》要求用不低于电流互感器额定电流 10% 的负荷电流进行检验；《十八项反措》第 15.4.3 条要求负荷电流满足电流互感器精度和测量表计精度的条件下进行检验。

（2）依据性文件要求。Q/GDW 1914—2013《继电保护及安全自动装置验收规范》第 5.5.20 条：保护装置投入运行前，应用不低于电流互感器额定电流 10% 的负荷电流及工作电压进行检验，检验项目包括装置的采样值、相位关系和差电流（电压）、高频通道衰耗等，检验结果应按照当时的负荷情况进行计算，凡所得结果与计算结果不一致时，应进行分析，查找原因，不能随意改动保护回路接线。若实际送电时负荷电流不能满足要求，可结合现场实际进行上述工作，但应在系统负荷电流满足要求后，对以上有关数据进行复核。

《十八项反措》第 15.4.3 条：所有保护用电流回路在投入运行前，除应在负荷电流满足电流互感器精度和测量表计精度的条件下测定变比、极性以及电流和电压回路相位关系正确外，还必须测量各中性线的不平衡电流（或电压），以保证保护装置和二次回路接线的正确性。

（3）分析解释。当 TA 变比较大时，实际负荷电流或元件额定电流可能达不到 10% 电流互感器额定电流，使用满足电流互感器精度和测量表计精度的负荷电流进行保护检验，能确保测量准确性。

3. 执行意见

按照《十八项反措》执行。

第 128 条　二次设备前置接线设计部分装置不满足日常运维需求

1. 现状

部分变电站二次屏柜设计为前置接线，但综自厂家部分二次设备无法前置接线，如图 4-1 所示，导致运行中无法检查设备运行状态。

2. 存在问题

（1）问题描述。部分设备无法实现前置接线，导致后续运维检修无法开展。

（2）依据性文件要求。《国家电网公司变电验收管理规定》第五十二条出厂验收内容：是否满足现场运行、检修要求。

图 4-1　二次屏柜无前置接线

（3）分析解释。现场二次设备需满足日常运行及检修作业要求。

3. 执行意见

按照《国家电网公司变电验收管理规定》第五十二条执行。对部分不满足前置接线的设备进行更换。

第 129 条　关于户外汇控柜电流回路经转接的问题

1. 现状

现行变电站典型设计中户外汇控柜电流回路经两次端子排转接再接入装置，两次转接增加了电流回路开路的风险，一旦二次电流回路开路，会造成一次设备的损坏。

2. 存在问题

（1）问题描述。基建典型设计中对电流回路是否可以在端子排转接无明确要求，现场很多装置电流通过端子排转接再接入装置，设计会议纪要严禁电流电压回路、控制回路在柜内再次转接。

（2）依据性文件要求。宁夏电网基建工程二次系统设计协调会会议纪要 1.1 中要求设计单位应优化控制柜内设备布局，合理安排二次设备及端子排布置方式，电压互感器开关柜内电压回路应全部使用试验端子，严禁电流电压回路、控制回路在柜内再次转接。

（3）分析解释。电流回路转接端子增大二次电流回路开路的风险，一旦开路，造成一次设备损害。

3. 执行意见

按照宁夏电网基建工程二次系统设计协调会会议纪要执行，合理安排二次设备及端子排布置方式，电流回路不应在端子排处转接，而应直接接入装置。

第 130 条　故障录波装置未对站用直流系统母线对地电压进行监测

1. 现状

现行变电站典型设计中未对故障录波装置监测直流系统母线对地电压有具体要求。当直流接地或直流系统故障对保护装置产生影响时，无法可靠分析事故原因，违反《十八项反措》相关规定要求。

2. 存在问题

（1）问题描述。基建典型设计中故障录波装置未对直流母线对地电压进行监测，十八项反措中要求变电站内的故障录波器应能对站用直流系统的各母线段（控制、保护）对地电压进行录波。

（2）依据性文件要求。《十八项反措》第 15.1.20 条：变电站内的故障录波器应能对站用直流系统的各母线段（控制、保护）对地电压进行录波，确保直流接地或直流系统故障时能够可靠分析直流系统对保护装置产生的影响。

（3）分析解释。当直流接地或直流系统故障对保护装置产生影响时，若故障录波装置对直流母线对地电压进行监测，就可以可靠分析事故原因。

3. 执行意见

按照《十八项反措》第 15.1.20 条执行，更换故障录波采样插件，完善故障录波采集直流母线电压功能。

第 131 条　110 kV 主变压器、线路及分段采用保护测控一体装置

1. 现状

现行变电站典型设计中 110 kV 主变压器、线路及分段采用保护测控一体装置，如图 4-2 所示，一旦保测装置损坏，保护和测控功能均失去，违反《十八项反措》相关规定要求。

2. 存在问题

（1）问题描述。基建典型设计中 110 kV 主变压器、线路及分段采用保护测控一体装置，《十八项反措》中要求 110 kV 变压器、

图 4-2　保护测控一体装置

110 kV 主网（环网）线路（母联）采用独立的保护装置和测控装置。

（2）依据性文件要求。《十八项反措》第 15.1.14 条：对 220 kV 及以上电压等级电网、110 kV 变压器、110 kV 主网（环网）线路（母联）的保护和测控，以及 330 kV 变电站的 110 kV 电压等级保护和测控应配置独立的保护装置和测控装置，确保在任意元件损坏或异常情况下，保护和测控功能互相不受影响。

（3）分析解释。采用保护测控一体装置，一旦装置故障，保护和测控功能均失去。

3. 执行意见

按照《十八项反措》第 15.1.14 条执行，110 kV 主变压器、线路及分段采用保护、测控独立装置。

第 132 条　主变压器非电量保护装置电源与主变压器电气量保护装置电源共用的问题

1. 现状

主变压器非电量保护装置电源与主变压器电气量保护装置电源共用，未与

电气量保护装置电源分开。

2. 存在问题

（1）问题描述。主变压器非电量保护装置电源与主变压器电气量保护装置电源共用，未与电气量保护装置电源分开。

（2）依据性文件要求。《十八项反措》第 15.2.5 条：未采用就地跳闸方式的非电量保护应设置独立的电源回路（包括直流空气断路器及其直流电源监视回路）和出口跳闸回路，且必须与电气量保护完全分开。

（3）分析解释。主变压器非电量保护装置电源与主变压器电气量保护装置电源共用，未与电气量保护装置电源分开，若电气量保护直流电源因故障跳开，非电气量保护装置电源同时失电，此时发生变压器内部故障则会造成 110kV 主变压器拒动导致越级跳闸。

3. 执行意见

按照《十八项反措》第 15.2.5 条执行，制订 110 kV 主变压器非电量电源单独接入改造技术方案，安排停电检修计划，开展二次回路改造，调试正常后主变压器非电量保护装置电源取自直流馈线屏单独支路。

第 133 条　保护辅助设备的电源配置问题

1. 现状

变电站故障录波、保信子站交换机和光电转换器为普通交流电源。

2. 存在问题

（1）问题描述。变电站内的故障录波、保信子站交换机和光电转换器为普通交流电源，未使用直流电源或 UPS 电源。

（2）依据性文件要求。根据《十八项反措》第 15.1.21 条：为保证继电保护相关辅助设备（如交换机、光电转换器等）的供电可靠性，宜采用直流电源供电。因硬件条件限制只能交流供电的，电源应取自站用不间断电源。

（3）分析解释。当发生故障时，无法记录故障信息，影响故障分析。

3. 执行意见

按照《十八项反措》第 15.1.21 条执行。

（二）调度自动化

第 134 条　关于单次状态估计计算时间的要求问题

1. 现状

相关规程对单次状态估计计算时间的要求不一致。

2. 存在问题

（1）问题描述。相关规程对系统单次状态估计计算时间的技术指标要求不一致，导致现场执行有争议。

（2）依据性文件要求。DL/T 516—2017《电力调度自动化系统运行管理规程》附录 A.3：单次状态估计计算时间不高于 10 s。

DL/T 5003—2017《电力系统调度自动化设计规程》第 4.3.1 条：单次状态估计计算时间不大于 15 s。

（3）分析解释。主要厂家产品现满足单次状态估计计算时间不高于 10 s 的技术要求。

3. 执行意见

按照 DL/T 516—2017《电力调度自动化系统运行管理规程》执行。

第 135 条　关于静态安全分析扫描时间要求的问题

1. 现状

相关规程对静态安全分析扫描时间的要求不一致。

2. 存在问题

（1）问题描述。相关规程对静态安全分析扫描时间的要求不一致，导致现场执行有争议。

（2）依据性文件要求。DL/T 516—2017《电力调度自动化系统运行管理规程》附录 A.3：单次静态安全分析扫描时间不高于 10 s。

DL/T 5003—2017《电力系统调度自动化设计规程》第 4.3.1 条：静态安全分析全网故障扫描平均处理时间不大于 60 s。

（3）分析解释。单次静态安全分析扫描时间应综合考虑设备性能和业务需求之间的平衡。

3. 执行意见

按照 DL/T 516—2017《电力调度自动化系统运行管理规程》执行。

第 136 条　关于部署同步相量测量装置要求的问题

1. 现状

《十八项反措》、Q/GDW 10393—2016《110（66）kV ~ 220 kV 智能变电站设计规范》及 DL/T 5003—2017《电力系统调度自动化设计规程》对部署相量测量装置（PMU）的要求不一致。

2. 存在问题

（1）问题描述。相关规程对部署 PMU 的要求不一致，导致现场执行有争议。

（2）依据性文件要求。《十八项反措》第 16.1.1.4 条：主网 500 kV（330 kV）及以上厂站、220 kV 枢纽变电站、大电源、电网薄弱点、通过 35 kV 及以上电压等级线路并网且装机容量 40 MW 及以上的风电场、光伏电站均应部署相量测量装置（PMU），其中新能源发电汇集站、直流换流站及近区厂站的相量测量装置应具备连续录波和次 / 超同步振荡监测功能。

Q/GDW 10393—2016《110（66）kV ～ 220 kV 智能变电站设计规范》第 6.2.3.2 条（d）规定，以下 220 kV 变电站宜配置同步相量测量装置：有分布式能源集中上网的 220 kV 变电站、在重要电力外送通道上的 220 kV 变电站或配置解列装置的 220 kV 地区联络变电站。同步相量测量装置应符合 Q/GDW 1131 有关规定。

DL/T 5003—2017《电力系统调度自动化设计规程》第 5.3.2 条：500 kV 及以上厂站、220 kV 枢纽变电站、大电源、电网薄弱点、通过 35kV 及以上电压等级线路并网且装机容量 40 MW 及以上的风电场均应部署相量测量装置。

（3）分析解释。Q/GDW 10393—2016《110（66）kV ～ 220 kV 智能变电站设计规范》是 2015 年编写，2016 年发布，现已不适应单位运行要求。

3. 执行意见

按照《十八项反措》执行。

第 137 条　关于网络安全管理平台建设要求的问题

1. 现状

相关规程对网络安全管理平台建设的要求不一致。

2. 存在问题

（1）问题描述。相关规程对网络安全管理平台建设的要求不一致，导致现场执行有争议。

（2）依据性文件要求。《十八项反措》第 16.2.1.5 条：地级及以上调控机构应建设网络安全管理平台实现对调度控制系统、变电站监控系统、发电厂监控系统网络安全事件的监视、告警、分析和审计功能。

DL/T 5003—2017《电力系统调度自动化设计规程》第 4.6.4 条：宜配置内网安全监视平台，实现对电力二次系统安全设备运行状况的实时监视、集中展示、实时告警和量化分析。

（3）分析解释。为防止电力监控系统网络安全事故，应贯彻落实《电力监控系统安全防护规定》（国家发改委 2014 年第 14 号令）、《电力监控系统安全防护总体方案》（国能安全〔2015〕36 号）、《电力行业信息安全等级保护管理办法》（国能安全 2014 年 318 号）及《中华人民共和国网络安全法》等有关要求。

3. 执行意见

按照《十八项反措》执行。

第 138 条　关于变电站网络安全监测装置部署配置的问题

1. 现状

《国家电网公司 110（66）kV~750 kV 智能变电站通用设计》缺少对电力监控系统安全防护相关设备的部署和配置的明确要求。

2. 存在问题

（1）问题描述。《国家电网公司 110（66）kV~750 kV 智能变电站通用设计》缺少对电力监控系统安全防护相关设备的部署和配置的明确要求，导致现场执行有争议。

（2）依据性文件要求。《国家电网公司关于加快推进电力监控系统网络安全管理平台建设的通知》（国家电网调〔2017〕1084 号）第三部分第 4 条：变电站网络安全监测装置的部署，新建变电站自 2018 年起，与监控系统同步建设。

《国家能源局关于印发电力监控系统安全防护总体方案等安全防护方案和评估规范的通知》（国能安全〔2015〕36 号）附件 1 第 3 章：要求部署网络入侵检测系统、安全审计设备等。

（3）分析解释。国家能源局除了在 2015 年发布的 36 号文中对电力监控系统网络安全设备（包括网络入侵检测系统、安全审计设备等）的部署提出要求外，分别在 2017、2018 年发布了《国家发展改革委国家能源局关于推进电力安全生产领域改革发展的实施意见》（发改能源规〔2017〕1986 号）和《国家能源局关于加强电力行业网络安全工作的指导意见》（国能发安全〔2018〕72 号），对电力监控系统的安全监测进行了补充完善。国调中心依据国家能源局文件要求制定了《国家电网公司关于加快推进电力监控系统网络安全管理平台建设的通知》（国家电网调〔2017〕1084 号），对网络安全监测装置部署和配置进行了规定。

《国家电网公司 110（66）kV~750 kV 智能变电站通用设计》是 2011 年发布的典型设计文件，由于成文较早，缺少电力调度网和相关的网络安全设备部署配置的要求描述，无法满足当前变电站建设工作的需求。

3. 执行意见

按照国家能源局发布的文件要求执行。建议对《国家电网公司 110（66）kV~750 kV 智能变电站通用设计》进行修订完善，在各级变电站"系统调度自动化及通信"章节中增加电力监控系统安全防护相关设备的部署和配置要求描述。

第 139 条　关于智能变电站设计规范中网络安全监测装置配置的问题

1. 现状

规程对智能变电站设计规范中网络安全监测装置的配置要求不明确。

2. 存在问题

（1）问题描述。规程对智能变电站设计规范中网络安全监测装置的配置要求不明确，现场执行有争议。

（2）依据性文件要求。《国家电网公司关于加快推进电力监控系统网络安全管理平台建设的通知》（国家电网调〔2017〕1084号）第三条：在变电站、并网电厂电力监控系统的安全Ⅱ区（或Ⅰ区）部署网络安全监测装置，采集变电站站控层、并网电厂涉网区域的服务器、工作站、网络设备和安防设备自身感知的安全数据及网络安全事件，实现对网络安全事件的本地监视和管理，同时转发至调控机构网络安全监管平台的数据网关机。

Q/GDW 10393—2016《110（66）kV ～ 220 kV 智能变电站设计规范》、Q/GDW 10394—2016《330 kV ～ 750 kV 智能变电站设计规范》未有要求。

（3）分析解释。网络安全监测装置近年开始研发并投入使用，导致智能变电站设计规范中未体现网络安全监测装置配置的要求。

3. 执行意见

执行《国家电网公司关于加快推进电力监控系统网络安全管理平台建设的通知》（国家电网调〔2017〕1084号），建议修订 Q/GDW 10393—2016《110（66）kV ～ 220 kV 智能变电站设计规范》、Q/GDW 10394—2016《330 kV ～ 750 kV 智能变电站设计规范》。

第 140 条　系统上线前开展安全防护评估问题

1. 现状

新建变电站在电力监控系统投入运行前，未开展网络安全防护评估工作。

2. 存在问题

（1）问题描述。原设计方案中对变电站投入运行前开展网络安全评估工作未作出明确要求。

（2）依据性文件要求。《电力监控系统安全防护总体方案》附件1第5.1条规定安全防护评估贯穿于电力监控系统的规划、设计、实施、运维和废弃阶段，第5.3条规定电力监控系统在上线投运之前、升级改造之后必须进行安全评估。

《十八项反措》第16.2.2.7条：电力监控系统在上线投运之前、升级改造之后必须进行安全评估，不符合安全防护规定或存在严重漏洞的禁止投入运行。

（3）分析解释。新建变电站不开展网络安全防护评估上线运行，潜在的一些网络风险隐患将不会暴露出来，导致设备带病入网、带病运行，部分设备接入调度数据网将威胁整个调度控制系统的安全稳定运行。

3. 执行意见

新建变电站电力监控系统上线投入运行前，建设单位应委托有资质的评估机构对系统安全性进行全面评估，对发现的风险隐患应组织及时整改，整改合格后方可投入运行。

（三）微机监控系统

第 141 条　关于变电站监控主机及远动装置组屏方案的要求

1. 现状

相关规程对监控主机及远动装置组屏方案的要求不一致。

2. 问题描述

（1）问题描述。相关规程对监控主机及远动装置组屏方案的要求不一致，导致现场执行有争议。

（2）依据性文件要求。《国家电网公司输变电工程通用设计 220 kV 变电站模块化建设》第 7.4.10.3 条：监控主站兼操作员站柜 1 面，包括 2 套监控主机设备。Ⅰ区远动通信柜 1 面，包含Ⅰ区远动网关机 2 台、2 台站控层Ⅰ区中心交换机，防火墙 2 台。Ⅱ、Ⅲ / Ⅳ区远动通信柜 1 面，包含Ⅱ区远动网关机 2 台。

《十八项反措》第 16.1.2.2 条：厂站数据通信网网关机、相量测量装置、时间同步装置、调度数据网及安全防护设备等屏柜宜集中布置，双套配置的设备宜分屏放置且两个屏应采用独立电源供电。

（3）分析解释。厂站数据通信网网关机、相量测量装置、时间同步装置、调度数据网及安全防护设备等屏柜宜集中布置，双套配置的设备宜分屏放置且两个屏应采用独立电源供电，能够保证双套系统的独立、可靠运行，最大限度保证电网运行安全。

3. 执行意见

新项目按照《十八项反措》执行。

第 142 条　关于变电站监控系统实时画面响应时间的要求

1. 现状

相关规程对变电站监控系统实时画面响应时间的要求不一致。

2. 存在问题

（1）问题描述。相关规程对变电站监控系统实时画面响应时间的要求不一致，导致现场执行有争议。

（2）依据性文件要求。DL/T 1403—2015《智能变电站监控系统技术规范》第 8.1 条规定，画面整幅调用响应时间：实时画面 ≤ 2 s，其他画面 ≤ 3 s。

Q/GDW 1213—2014《变电站计算机监控系统工厂验收管理规程》附录 A 第

A.4.26.1条：实时画面的响应时间≤1 s，其他画面≤2 s。

（3）分析解释。变电站监控系统画面调用响应时间的影响因素有突发数据量、硬件配置、通信和人为因素等，画面响应时间对运行和数据分析没有本质上的影响。

3. 执行意见

在硬件满足的前提下，应采用 Q/GDW 1213—2014《变电站计算机监控系统工厂验收管理规程》，实时画面响应时间≤1 s，其他画面≤2 s。

第143条　关于110 kV变电站后台监控机配置的问题

1. 现状

110 kV变电站后台监控机未配置小电流接地选线装置。

2. 存在问题

（1）问题描述。国网固化智能变电站综合自动化监控系统的技术规范要求智能站小电流选线功能使用软件实现，但目前各综自厂家均未能达到上述要求。

（2）依据性文件要求。依据现场运维经验。

（3）分析解释。110 kV变电站未配置小电流接地选线装置，选线功能靠后台监控机实现，但目前无人值守变电站，需要将接地选线结果上送至调度端，方便调度人员选线及变电站运维。

3. 执行意见

110 kV变电站应配置小电流接地选线装置。

五、辅助设施

（一）防误闭锁系统

第144条　关于顺控操作配置的问题

1. 现状

部分新投变电站顺控操作逻辑仅由监控系统独立执行，未设置独立"五防"操作站。

"五防"是指防止误分、合断路器；防止带负荷分、合隔离开关；防止带电挂（合）接地线（接地开关）；防止带地线送电；防止误入带电间隔。

2. 存在问题

（1）问题描述。顺控操作仅由监控系统独立执行相关操作，未引入独立校核机制，不具备完善的防误闭锁功能。

（2）依据性文件要求。《十八项反措》第4.2.12条：顺控操作（程序化操作）应具备完善的防误闭锁功能，模拟预演和指令执行过程中应采用监控主机内置防误逻辑和独立智能防误主机双校核机制，且两套系统宜采用不同厂家配置。顺控操作因故停止，转常规倒闸操作时，仍应有完善的防误闭锁功能。

（3）分析解释。变电站一键顺控技术目的是提高操作票的执行效率和可靠性，基于双套独立防误系统的逻辑校验，增强可靠性。顺控主机的功能可以在监控系统实现，也可采用独立的顺控主机，主要取决于现场的主机性能，变电站设计阶段应充分考虑顺控主机和防误主机布置原则。

3. 执行意见

按照《十八项反措》第 4.2.12 条执行。

第 145 条　关于变电站未配备智能"五防"钥匙管理机的问题

1. 现状

新投变电站配备普通"五防"解锁钥匙箱。

2. 存在问题

（1）问题描述。普通"五防"解锁钥匙箱不具备接收、发送信息功能，无法实现远程授权解锁，不便于运维检修工作。

（2）依据性文件要求。《国家电网公司变电验收管理规定（试行）　第 26 分册　辅助设施验收细则》A.2 第 15 条第③项：解锁钥匙管理机运行正常，解锁钥匙完好、齐全，外观正常，电源、网络正常，能够正常接收和发送信息，信息接收后开锁正常。

（3）分析解释。变电站设计阶段未充分考虑普通"五防"解锁钥匙管理机远程解锁问题，钥匙箱不具备接收、发送信息功能，无法实现远程授权解锁功能。一旦现场倒闸操作或者发生异常处理，需要"五防"管理专责等人员授权解锁时，存在"五防"管理专责人员无法及时到达现场解锁的问题。

3. 执行意见

按照《国家电网公司变电验收管理规定（试行）　第 26 分册　辅助设施验收细则》执行，新投变电站应配备智能"五防"解锁钥匙管理机。

第 146 条　关于开关柜接地桩设置的问题

1. 现状

部分变电站开关柜接地桩未引出开关柜外。

2. 存在问题

（1）问题描述。开关柜接地桩未引出开关柜外，开关柜本身空间狭小，接地桩安装在开关柜内，不利用运维人员安装接地线。

（2）依据性文件要求。《国网设备部关于切实加强防止变电站电气误操作运维管理工作的通知》（设备变电〔2018〕51 号）第（一）条：固定接地桩应预设并纳入防误闭锁系统。防误装置对接地线的挂、拆状态宜实时采集监控，并实施强制性闭锁。接地桩不宜安装在开关柜内部。

（3）分析解释。开关柜本身空间狭小，接地桩安装在开关柜内，运维人员安装接地线或检修人员工作时容易误碰接地线，存在安全隐患。

3. 执行意见

按照《国网设备部关于切实加强防止变电站电气误操作运维管理工作的通知》（设备变电〔2018〕51号）执行，开关柜接地桩需引出至开关柜外。

第147条　关于开关柜柜门闭锁的问题

1. 现状

新投开关柜带电显示装置与接地柜门未实现闭锁。

2. 存在问题

（1）问题描述。新投开关柜带电显示装置与接地柜门未实现闭锁，若带电显示装置与接地开关及柜门未实现强制闭锁，存在带电合接地开关的可能，容易造成误操作。

（2）依据性文件要求。《十八项反措》第4.2.10条：新投运开关柜应装设具有自检功能的带电显示装置，并与接地开关及柜门实现强制闭锁；配电装置可有倒送电电源时，间隔网门应装有带电显示装置的强制闭锁。

（3）分析解释。新投运开关柜应装设具有自检功能的带电显示装置，并与接地开关及柜门实现强制闭锁。

3. 执行意见

按照《十八项反措》第4.2.10条执行，新投开关柜带电显示装置应与接地网门实现强制闭锁。

（二）视频监控系统、电子围栏

第148条　关于视频监控系统电源的问题

1. 现状

部分新建变电站视频监控系统电源为单一电源。

2. 存在问题

（1）问题描述。变电站视频监控系统未设双电源切换器或者采用UPS电源，当单一电源失去时，视频监控系统失电，不能正常工作。

（2）依据性文件要求。根据运行经验提出。

（3）分析解释。随着无人值守变电站建设及智能运检的不断发展，五通验收细则对视频监控系统提出更高要求，不仅起到变电站安防的作用，而且在设备巡视、倒闸操作后位置检查等方面也作了明确要求。所以，视频监控系统的电源供应尤其重要，故提出采用双电源切换器或 UPS 电源的要求。

3. 执行意见

变电站视频监控系统应设双电源并实现自动切换。

第 149 条 关于变电站视频监控联动的问题

1. 现状

变电站未实现视频监控与安全警卫系统的联动。

2. 存在问题

（1）问题描述。部分变电站安防系统未接入调控系统，并且未实现视频监控与安全警卫系统的联动。

（2）依据性文件要求。《国家电网公司变电验收管理规定（试行） 第 27 分册 土建设施验收细则》变电站围墙及大门：①站区围墙宜采用高度不低于 2.3 m 的实体围墙，顶部应设置脉冲电子围栏等防范措施，安防总信号应接入调控部门，且实现视频监控与安全警卫系统的联动。

（3）分析解释。随着无人值守变电站建设及智能运检的不断发展，五通验收细则提出视频监控及安防系统的联动要求。

3. 执行意见

按照《国家电网公司变电验收管理规定（试行） 第 27 分册 土建设施验收细则》执行，实现视频监控与安全警卫系统联动功能。

第 150 条 关于视频监视柜硬盘存储时间的问题

1. 现状

变电站视频监控柜硬盘配置按物资招标通用规范仅配置 4 块 4T 硬盘且视频监视柜与变电站内其他屏柜尺寸不同。

2. 存在问题

（1）问题描述。视频监视柜不满足要求，视频柜未采用变电站标准机柜；4 块 4T 硬盘无法满足视频监控存储 45 天数据资料的要求。

（2）依据性文件要求。《国家电网公司变电验收管理规定（试行） 第 26 分册 辅助设施验收细则》，配置不少于 8 块 SATA 硬盘，同时支持 16 路网络摄像机和模拟摄像机视频数据的存储，安防视频监控系统图像保存周期应大于 45 天。

（3）分析解释。新建变电站设备技术规范书提报时，设计单位未对视频机柜和存储时间提供书面要求，并作为招标附件提交，导致招标时厂家未按照规范执行，变电站安防视频存储时间不符合要求。

3. 执行意见

按照《国家电网公司变电验收管理规定（试行） 第 26 分册 辅助设施验

收细则》执行。

第 151 条 关于辅助设备端子箱质量不合格的问题

1. 现状

变电站视频等辅助设备户外密封箱体厚度检测不满足技术监督要求。

2. 存在问题

（1）问题描述。变电站视频等辅助设备箱、柜门金属厚度不满足技术监督要求，普遍存在质量不达标问题。

（2）依据性文件要求。Q/GDW 11717—2017《电网设备金属技术监督导则》第 16.3.1 条：户外密闭箱体（控制、操作及检修电源箱等）应具有良好的密封性能，其公称厚度不应小于 2 mm，厚度偏差应符合 GB/T 2518 的规定，如采用双层设计，其公称厚度不应小于 1 mm。

（3）分析解释。变电站设计阶段未对变电站视频等辅助设备户外密封箱体厚度提出明确要求，导致招标时厂家未按照规范执行，厚度不合格，影响箱体牢固程度及密封性能。

3. 执行意见

按照 Q/GDW 11717—2017《电网设备金属技术监督导则》第 16.3.1 条执行。

第 152 条 关于外接站用变压器站外电缆监视的问题

1. 现状

部分变电站外接站用变压器站外高压电缆未设专用摄像头进行监视。

2. 存在问题

（1）问题描述。外接站用变压器站外高压电缆未设专用摄像头监视，未能第一时间发现站外施工及其他异常情况，外力破坏或异物接地会导致跳闸。

（2）依据性文件要求。依据运行经验提出。

（3）分析解释。外接站用变压器站外高压电缆在设计时未考虑电缆敷设用征地，同时外接站用变压器站外高压电缆未设专用摄像头监视，导致后期运维阶段土地产权所有者在该土地进行其他用途施工时破坏了电缆，未能第一时间发现并进行劝止，导致外接站用变压器被迫停用，给变电站安全运行带来风险。

3. 执行意见

外接站用变压器站外高压电缆应设专用摄像头监视。

（三）采暖、通风、空调及照明

第 153 条 关于高压室空调配置的问题

1. 现状

部分变电站高压室未按要求配置足够数量空调。

2. 存在问题

（1）问题描述。高压室未装设空调，高压室内保测装置运行环境有可能存在温度过高或过低的风险。

（2）依据性文件要求。DL/T 587—2016《继电保护和安全自动装置运行管理规程》第 3.6 条：对于安装在智能控制柜中的合并单元和智能终端、室内开关柜中 10 kV ~ 66 kV 微机保护装置，要求环境温度在 –5 ℃ ~ 45 ℃范围内，最大相对湿度不应超过 95%。对于安装在室内（预制舱内）微机保护装置，要求室（舱）内月最大相对湿度不应超过 75%，应防止灰尘和不良气体侵入；室（舱）内温度应在 5 ℃ ~ 30 ℃范围内，若超过此范围应装设空调。

《十八项反措》第 12.4.1.16 条：配电室内环境温度超过 5 ~ 30 ℃范围，应配置空调等有效的调温设施；室内日最大相对湿度超过 95% 或月最大相对湿度超过 75% 时，应配置除湿机或空调。配电室排风机控制开关应在室外。

（3）分析解释。依据《国家电网公司关于印发电网设备技术标准差异条款统一意见的通知》（国家电网科〔2017〕549 号）中关于开关柜配电室配置除湿设备的要求，提出空调、除湿机等设备设施的使用条件。运行中因环境温度、湿度过高而引起的开关柜内元部件老化、放电、损坏时有发生，影响了开关柜的安全可靠运行，因此建议选用除湿机或空调作为除湿防潮设备。同时，宁夏地区夏季高温，高压室门窗紧闭，在没有空调的情况下，夏季检修人员容易中暑。

3. 执行意见

按照《十八项反措》第 12.4.1.16 条执行：配电室内环境温度超过 5 ~ 30 ℃范围，应配置空调等有效的调温设施；室内日最大相对湿度超过 95% 或月最大相对湿度超过 75% 时，应配置除湿机或空调。配电室排风机控制开关应在室外。

第 154 条　关于各小室空调外机管道封堵的问题

1. 现状

变电站各小室空调外机管道未做有效封堵，不能起到防火、防小动物进入的问题。

2. 存在问题

（1）问题描述。各小室空调外机管道未做有效封堵，不能起到防火、防小动物进入的问题，导致防火、防小动物措施不严密。

（2）依据性文件要求。《十八项反措》第 18.1.2.12 条：建筑贯穿孔口和空开口必须进行防火封堵，防火材料的耐火等级应进行测试，并不低于被贯穿物（楼板、墙体等）的耐火极限。电缆在穿越各类建筑结构进入重要空间时应做好防火封堵和防火延燃措施。

（3）分析解释。变电站防火、防小动物措施相对完善，但仍存在部分漏洞及薄弱环节，如空调外机管道等，施工单位多次忽视或遗漏。

3. 执行意见

按照《十八项反措》执行，空调外机管道应做有效封堵。

第155条　关于高压室 SF_6 报警装置配置的问题

1. 现状

高压室 SF_6 报警装置未配置风机自动控制、报警音响等功能。

2. 存在问题

（1）问题描述。高压室 SF_6 报警装置未配置风机自动控制、报警音响等功能，当高压室 SF_6 气体泄漏时，运维人员不能及时发现，导致事故范围扩大。

（2）依据性文件要求。《国家电网公司变电验收管理规定（试行）　第26分册　辅助设施验收细则》中 SF_6 气体含量监测设施规定：

1）应选用红外激光型，应安装在开关室主入口处外（主机旁设风机控制箱）或控制室组屏，室外必须安装在箱体内，箱体必须具备防雨和自动加热功能。

2）具备探头传感、风机自动控制、报警音响功能，可设置气体含量、启动时间等参数，可强制启动风机，具备通信接口，接入变电站综合辅助平台，可以实现远方控制。

（3）分析解释。 SF_6 报警装置作为保障人身安全，防止高压室 SF_6 气体泄漏时人员进入中毒的重要安全设施，其安全性能和功能满足相关标准、规定和规程的要求。

3. 执行意见

按照《国家电网公司变电验收管理规定（试行）　第26分册　辅助设施验收细则》的要求执行。

第156条　关于高压室 SF_6 报警装置安装位置的问题

1. 现状

高压室 SF_6 报警装置安装在高压室内。

2. 存在问题

（1）问题描述。高压室 SF_6 报警装置安装在室内，人员进入高压室前无法检查 SF_6 等其他相关含量是否正常，易导致人身事故。

（2）依据性文件要求。《国家电网公司变电验收管理规定（试行）　第26分册　辅助设施验收细则》 SF_6 气体含量监测设施规定：应选用红外激光型，应安装在开关室主入口处外（主机旁设风机控制箱）或控制室组屏，室外必须安装在箱体内，箱体必须具备防雨和自动加热功能。

（3）分析解释。SF_6 报警装置是一种重要安全设施，能够保障人身安全，防止高压室 SF_6 气体泄漏时人员进入中毒。SF_6 报警装置安装在室内，人员进入高压室前无法检查 SF_6 等其他相关含量是否正常，不满足有效空间内"先通风、后检测、再进入"的要求。

3. 执行意见

按照《国家电网公司变电验收管理规定（试行） 第 26 分册 辅助设施验收细则》的要求执行，高压室 SF_6 报警装置安装在室外入口处。

第 157 条 关于户外检修照明装置设置的问题

1. 现状

部分变电站户外检修照明装置数量不够，安装位置不正确。

2. 存在问题

（1）问题描述。户外检修照明设置点位及数量不满足场区夜间抢修、巡视照明的需要，不便于运维检修人员工作。

（2）依据性文件要求。《国家电网公司变电验收管理规定（试行） 第 26 分册 辅助设施验收细则》A.1 中第 19 条正常照明规定：变电站屋内场所，以及在夜间需要进行工作和经常有运输、行人的露天地区，应装设正常照明。

《国家电网公司变电验收管理规定（试行） 第 26 分册 辅助设施验收细则》A.8 规定：站区道路照明灯具布置应与总布置相协调，采用单列布置；站前区入站干道采用双列布置；交叉路口或岔道口应有照明；设备区用灯柱或安装于地面的泛光照明，投光照明安装于屋顶；灯具与带电设备必须有足够的安全距离，满足安全检修条件；进站大门处设局部照明。

（3）分析解释。户外检修照明设置不合理，点位及数量不满足场区夜间抢修、巡视照明的需要。同时，当全站照明负荷全开时，存在空气断路器跳闸的隐患。下雨天，若线路出现接地故障，会导致空气断路器不能合上。

3. 执行意见

按照《国家电网公司变电验收管理规定（试行） 第 26 分册 辅助设施验收细则》A.8 中第 4 条室外灯具布置验收执行：①站区道路照明灯具布置应与总布置相协调，采用单列布置；②站前区入站干道采用双列布置；③交叉路口或岔道口应有照明；④设备区用灯柱或安装于地面的泛光照明，投光照明安装于屋顶；⑤灯具与带电设备必须有足够的安全距离，满足安全检修条件；⑥进站大门处设局部照明。

（四）智能辅助设施平台

第 158 条　关于变电站站内锁具钥匙配置的问题

1. 现状

变电站各种柜门钥匙最多可达几十把，开关门不方便。

2. 存在问题

（1）问题描述。变电站设计时未考虑运维人员操作问题，锁具未统一配置，耽误运维人员操作时间。

（2）依据性文件要求。依据现场运行习惯。

（3）分析解释。变电站锁具种类繁多，钥匙管理繁杂，严重影响运维人员工作效率。

3. 执行意见

在设联会上明确变电站站内锁具钥匙需统一，方便正常工作开展。

（五）防汛及排水

第 159 条　关于变电站选址的问题

1. 现状

部分变电站选址在地势低洼区或水稻田附近。

2. 存在问题

（1）问题描述。变电站选址在地势低洼区，汛期站内容易积水且排除困难；部分变电站处在水稻田附近，存在积水倒灌至变电站的情况，均不满足防洪、防汛的要求。

（2）依据性文件要求。《国家电网公司变电验收管理规定（试行） 第 27 分册　土建设施验收细则》A.1 第④项规定：变电站站内场地设计标高宜高于或局部高于站外自然地面，以满足站内场地排水要求。

（3）分析解释。变电站选址在地势低洼区，积水无法自动排出，每次大雨都需要运维人员人工排水，给运维工作带来不便。

3. 执行意见

按照《国家电网公司变电验收管理规定（试行） 第 27 分册　土建设施验收细则》执行：变电站站内场地设计标高宜高于或局部高于站外自然地面，以满足站内场地排水要求。

第 160 条　关于雨水井周围未设置挡板的问题

1. 现状

变电站内位于碎石场地或简易绿化场地的雨水井周围未设置挡板，井边有碎石、泥土等掉落井内。

2. 存在问题

（1）问题描述。变电站内位于碎石场地或简易绿化场地的雨水井周围未设置挡板，井边有碎石、泥土等掉落井内，容易造成防汛排水口堵塞，影响变电站防汛系统正常运行。

（2）依据性文件要求。《国家电网公司输变电工程标准工艺（三）工艺标准库（2016 年版）》0101030701 雨水井要求：道路外雨水井，井顶标高应低于碎石场地基层或简易绿化土表层，或采取其他确保排水畅通的措施；井边应有防止碎石、泥土等掉落井内的构造措施。

（3）分析解释。新建变电站设备技术规范书提报时，设计单位未对雨水井安装问题提出书面要求，并作为招标附件提交，导致厂家未按照规范执行，无保证排水畅通的有效措施，变电站投运后存在防汛隐患。

3. 执行意见

按照《国家电网公司输变电工程标准工艺（三）工艺标准库（2016 年版）》执行。

六、消防

（一）固定式灭火装置

第 161 条　消火栓布置不合理的问题

1. 现状

330 kV 及以上变电站主厂房建筑体积超过 5000 m^3，根据 GB 50229—2019《火力发电厂与变电站设计防火标准》要求，于楼梯间设置了室内消火栓给水系统。

2. 存在问题

（1）问题描述。主厂房楼梯间内设置的室内消火栓，在楼梯间防火门打开时消火栓受阻挡不易使用。

（2）依据性文件要求。本站主厂房火灾危险性为戊类，耐火等级二级，建筑体积超过 5000 m^3，根据 GB 50229—2019《火力发电厂与变电站设计防火标准》第 11.5 条相关要求，应设置室内消火栓。

（3）分析解释。当火灾发生时，救火人员需打开防火门对消火栓进行操作，但在防火门打开时，设置在楼梯间的消火栓恰好位于防火门后，此时打开的防火门挡住了消火栓箱，难以对消火栓进行顺利操作，不能有效控制火情。

3. 执行意见

设计单位在室内布置消火栓时，应优先考虑楼梯间及其休息平台和前室、走道等易于取用、便于火灾扑救的位置。

设计单位各专业需协调配合，保证消火栓的操作使用不影响建筑功能；同时确保在实现建筑功能的各种工况下，消火栓的操作使用不受影响。

第 162 条　关于主变压器泡沫消防管网安全距离不足的问题

1. 现状

某换流站 1 号主变压器泡沫消防管网与带电管母之间的安全距离不足。

2. 存在问题

（1）问题描述。设备在进行检修时，需要距带电设备保持足够的安全距离，66 kV 安全距离为 1.50 m，消防管网辅助设备一旦损坏将无法进行带电维修。

（2）依据性文件要求。《国家电网公司电力安全工作规程》第 5.1.4 条：设备不停电时的安全距离，66 kV 大于 1.50 m。

（3）分析解释。变电站设计阶段未考虑消防管网与带电设备间的安全距离问题，在投运后造成消防系统维修困难问题。设计阶段应考虑将消防管网与带电设备保持足够的安全距离，一旦消防设备损坏可及时进行维修，便于运行维护。

3. 执行意见

主变压器消防管网与变压器各侧出线保持设备不停电的安全距离。

第 163 条　关于主变压器防火墙质量的问题

1. 现状

部分变电站主变压器防火墙耐火极限时间不满足设计要求。

2. 存在问题

（1）问题描述。部分主变压器防火墙的燃烧性能和耐火性不满足设计规范，达不到耐火极限时间要求。

（2）依据性文件要求。根据 GB 50016—2014《建筑设计防火规范（2018 年版）》第 3.2.1 条条文说明：本条规定了厂房和仓库的耐火等级分级及相应建筑构件的燃烧性能和耐火极限，防火墙耐火极限要求为 3 h。

DL/T 5352—2018《高压配电装置设计规范》第 5.5.7 条条文说明：本条防火墙的耐火极限由原标准的 4 h 改为 3 h。（原标准为：变压器之间当防火间距不够时，要设置防火墙。防火墙除有足够的高度及长度，还应有一定的耐燃性能，根据几次变压器火灾事故的情况及防火规范的规定，其耐火极限不宜低于 4 h。）

（3）分析解释。变电站在设计阶段未考虑主变压器防火墙构架除有高度和长度要求，还有构架防火极限要求，导致变电站投运后防火墙耐火极限时间不满足要求，存在消防隐患。

3. 执行意见

按照 GB 50016—2014《建筑设计防火规范（2018 年版）》第 3.2.1 条执行：主变压器防火墙耐火极限按 3 h 考虑。

第 164 条 关于变电站蓄电池室防爆隔火墙设置问题

1. 现状

新建变电站 300 Ah 及以上的阀控式蓄电池组未安装在各自独立的专用蓄电池室内或未在蓄电池组间设置防爆隔火墙。

2. 存在问题

（1）问题描述。部分变电站 300 Ah 及以上的阀控式蓄电池组如通信用蓄电池组安装在通信机房，未独立设置蓄电池室，或未设置防爆隔火墙，存在安全隐患。

（2）依据性文件要求。《十八项反措》第 5.3.1.3 条：新建变电站 300 Ah 及以上的阀控式蓄电池组应安装在各自独立的专用蓄电池室内或在蓄电池组间设置防爆隔火墙。

（3）分析解释。变电站在设计阶段，未考虑变电站阀控式蓄电池组消防安全问题，未单独设置蓄电池室或防爆隔火墙，存在安全隐患。

3. 执行意见

按照《十八项反措》第 5.3.1.3 条执行。

（二）消防设施（应急疏散指示、消防应急照明）

第 165 条 关于变电站消防标示设置不全的问题

1. 现状

部分新投变电站消防标示不完善，无消防重点部位标识、无应急疏散、安全出口等指示。

2. 存在问题

（1）问题描述。部分新投变电站消防标示不完善，无消防重点部位标识、无应急疏散、安全出口等指示，不满足变电站消防的要求，需要后期投运后再增补。

（2）依据性文件要求。按照《国网设备部关于印发〈变电站（换流站）消防设备设施等完善化改造原则〉的通知》（设备变电〔2018〕15 号）第 4.3.5.1 条规定，变电站和换流站内的消防安全标志可根据其功能分为以下 6 类：a）火灾报警装置标志；b）紧急疏散逃生标志；c）灭火设备标志；d）禁止和警告标志；e）方向辅助标志；f）文字辅助标志。各类标志应符合国家标准 GB 13495.1—2015《消防安全标志 第 1 部分：标志》，如不满足要求，应进行完善化改造。

（3）分析解释。部分变电站在设计阶段消防标示未按照相关规程执行，造成无重点消防部位、应急疏散、安全出口等指示，不满足变电站消防要求，变电站投运后有消防隐患，增加消防运维成本。

3. 执行意见

参照《国网设备部关于印发〈变电站（换流站）消防设备设施等完善化改造原则（试行）〉的通知》（设备变电〔2018〕15 号）执行。

第 166 条　关于防火门安装不规范的问题

1. 现状

部分变电站内防火门门扇与门扇、门框或地面缝隙过大，不能实现阻火隔烟作用，单扇防火门未安装闭门器，双扇防火门仅安装闭门器、未安装闭门顺序器。

2. 存在问题

（1）问题描述。部分变电站内防火门安装不规范，存在缝隙过大，单扇防火门未安装闭门器，双扇防火门仅安装闭门器、未安装闭门顺序器等问题，存在消防安全隐患。

（2）依据性文件要求。GB 50877—2014《防火卷帘、防火门、防火窗施工及验收规范》第 5.3.10 条：门扇与上框的配合活动间隙不应大于 3 mm；双扇、多扇门的门扇之间缝隙不应大于 3 mm；门扇与下框或地面的活动间隙不应大于 9 mm；门扇与门框贴合面间隙、门扇与门框有合页一侧、有锁一侧及上框的贴合面间隙均不应大于 3 mm。第 1.8.5 条：防火门未安装闭门器；双扇防火门仅安装闭门器，未安装闭门顺序器。

（3）分析解释。新建变电站设备技术规范书提报时，设计单位未对防火门安装问题作书面要求，并作为招标附件提交，导致厂家未按照规范执行，变电站投运后消防安全隐患。

3. 执行意见

按照 GB 50877—2014《防火卷帘、防火门、防火窗施工及验收规范》执行。

第 167 条　关于架空地线防振锤选型的问题

1. 现状

架空地线采用未倒角的预绞式防振锤。

2. 存在问题

（1）问题描述。110 kV 某线路使用未倒角的预绞式防振锤，存在使导线断股的严重隐患。

（2）依据性文件要求。《十八项反措》第 6.8.1.9 条："三跨"区段宜选用预绞式防振锤。风振严重区、易舞动区"三跨"的导地线应选用耐磨型连接金具。

（3）分析解释。架空地线虽采用预绞式防振锤，但防振锤挂钩为整件机器切割加工，非单独整体铸造，且两侧切割加工后未进行打磨，断面处齐整，无过渡倒角，棱角锋利，存在使架空地线断股的严重隐患。

3. 执行意见

架空地线应选用有倒角的预绞式防振锤。

第 168 条　关于线路光缆"三跨"的问题

1. 现状

线路"三跨"（跨越高速铁路、高速公路和重要输电通道的架空输电线路）改造后，线路地线部分采用两根 24 芯光缆或者一根 24 芯光缆及一根接地线，不满足国网信息通信有限公司关于开展全介质自承式光缆（ADSS）"三跨"隐患治理工作通知的要求。

2. 存在问题

（1）问题描述。线路"三跨"改造后，原线路部分采用 24 芯光缆和接地线，不满足使用要求。"三跨"导线、地线应选择技术成熟、运行经验丰富的产品，不应采用 ADSS 光缆。"三跨"地线宜采用铝包钢绞线，光缆宜选用全铝包钢结构的光纤复合架空地线（OPGW）。实施改造的跨越区段宜配置双光缆，每条光缆不少于 48 芯。

（2）依据性文件要求。《国网信通部关于开展 ADSS 光缆"三跨"隐患治理工作的通知》（信通通信〔2018〕42 号）：ADSS 光缆"三跨"改造应对光缆所在线路杆塔进行综合评估，杆塔满足要求的，应采用 OPGW 光缆改造方式；杆塔不满足要求的，应综合考虑改造工作的可行性、安全性、经济性等因素，采取改造成 OPGW 光缆、退运拆除、迂回或下地钻越等改造方式。实施改造的跨越区段纤芯容量配置可适度超前，跨越区段宜配置双光缆，每条光缆不少于 48 芯。

（3）分析解释。新（改、扩）建输电线路需要跨越铁路、高速公路、重要输电通道时，为避免后续重复跨越改造，跨越段配置双光缆，单根光缆不少于 48 芯。

对于运行年限长、安全隐患大、未承载重要业务、对网架结构影响小及改造难度大的 ADSS 光缆跨越区段，经评估后，宜考虑拆除。待后续线路整体改造时，随线路同步建设光缆。

3. 执行意见

建议在实施改造的跨越区段配置双光缆，每条光缆不少于 48 芯，以避免出现后期光纤容量不足的问题。

第 169 条　关于 110 kV 线路电缆终端塔无检修平台的问题

1. 现状

部分 110 kV 电缆终端塔（钢管塔）未设置检修作业平台。

2. 存在问题

（1）问题描述。电缆终端塔未设置电缆平台，不方便运行人员进行电缆及架空线路的检修和试验。

（2）依据性文件要求。《十八项反措》第 13.1.1.5 条：110 kV 及以上电力电缆站外户外终端应有检修平台，并满足高度和安全距离的要求。

（3）分析解释。电缆终端塔未设置电缆平台，当需要进行电缆及架空线路的检修和试验工作时，检修和试验设备无处安放，检修试验工作无法正常开展。

3. 执行意见

按照《十八项反措》执行，110 kV 电缆终端塔（钢管塔）设置电缆检修平台。

第 170 条　关于直线绝缘子偏斜角偏移值的问题

1. 现状

相关规程对直线绝缘子偏斜角偏移值的要求不一致。

2. 存在问题

（1）问题描述。相关规程对直线绝缘子偏斜角偏移值的要求不一致，现场执行存在争议。

（2）依据性文件要求。DL/T 741—2019《架空输电线路运行规程》第 5.3.10 条：直线杆塔绝缘子串顺线路方向的偏斜角（除设计要求的预偏外）不应大于 7.5°，或偏移值不应大于 300 mm，绝缘横担端部偏移不应大于 100 mm。

GB/T 50233—2014《110 kV~750 kV 架空输电线路施工及验收规范》第 8.6.6 条：悬垂线夹安装后，绝缘子串应竖直，顺线路方向与竖直位置的偏移角不应超过 5°，且最大偏移值不应超过 200 mm。

（3）分析解释。考虑到运行后，导线的弧垂及应力会随着气象环境的改变而发生变化，验收标准应比运行标准严格。

3. 执行意见

新建线路按 GB/T 50233—2014《110 kV ~ 750 kV 架空输电线路施工及验收规范》的规定执行，对存在绝缘横担的线路验收时悬垂线夹端部偏移值参考 DL/T 741—2019《架空输电线路运行规程》；运行线路按 DL/T 741—2019《架空输电线路运行规程》的规定执行。

第 171 条　关于杆塔组立直线杆塔倾斜限值的问题

1. 现状

相关规程对杆塔组立直线杆塔倾斜限值的要求不一致。

2. 存在问题

（1）问题描述。相关规程对杆塔组立直线杆塔倾斜限值的要求不一致，现场执行存在争议。

（2）依据性文件要求。DL/T 741—2019《架空输电线路运行规程》第 5.1.4 条：1.0%（适用于 50 m 以下高度铁塔）；0.5%（适用于 50 m 及以上高度铁塔）。

GB/T 50233—2014《110 kV~750 kV 架空输电线路施工及验收规范》表 7.1.8 要求：悬垂杆塔结构倾斜 3%，高塔 1.5%（注：不含套接式钢管电杆）。

（3）分析解释。验收标准应比运行标准严格。考虑到运行后，基础会出现轻微不均匀沉降，故调整了运行标准。

3. 执行意见

基建阶段按 GB/T 50233—2014《110 kV~750 kV 架空输电线路施工及验收规范》的规定执行；运行维护阶段按 DL/T 741—2019《架空输电线路运行规程》的规定执行。

第 172 条　关于旧线 π 入新变电站时校核不充分的问题

1. 现状

旧线 π 入新变电站时，未按当前系统短路电流校核原导（地）线是否满足要求，未依据新的耐张段长度计算代表档距并进行适应性调整。

2. 存在问题

（1）问题描述。旧线 π 入新变电站时，新建段架空地线的选择设计通常按照新标准选择、校验，但未对旧线的架空地线进行短路电流校核。旧线 π 入或改接新变电站耐张段长度发生变化时，未依据新的耐张段长度计算代表档距，并重新调整弧锤、防振锤、间隔棒的安装位置，调整耐张跳线。

（2）依据性文件要求。GB 50545—2010《110 kV~750 kV 架空输电线路设计规范》要求，导（地）线应满足电气及机械使用要求，验算短路电流时，地线的温度应按规定取值。

《国家电网公司输变电工程初步设计内容深度规定　第 6 部分：220 kV 架空输电线路》第 24.2.8 条：地线或 OPGW 光缆热稳定计算要求，应根据系统提供的等值阻抗和单相故障零序电流，计算地线和 OPGW 光缆电流分配，按系统故障切除时间，选择地线和 OPGW 光缆热稳定所需要的截面；参考线路所经地区的雷电情况，确定地线和 OPGW 光缆的结构形式和单丝直径。

（3）分析解释。旧线 π 入新变电站时，如果不对旧线的架空地线进行短路电流校核，有可能出现部分线路甚至全段线路不满足短路电流容许值的情况。未依据新的耐张段长度计算代表档距，则无法紧线、调整弧锤。

3. 执行意见

旧线 π 入新变电站时，按照短路电流校核导（地）线是否满足要求，不满足时应进行更换。旧线 π 入或改接新变电站耐张段长度发生变化时，依据新的耐张段长度计算代表档距，并重新调整弧锤、调整防振锤、间隔棒的安装位置，调整耐张跳线。

第 173 条　关于输电线路风口区域防风偏能力不足的问题

1. 现状

线路新建时，绝大多数线路采取整条线路取同一风速计算的方式，某山沿麓等处于风口区域，未采取差异化设计，导致运行中发生风偏跳闸事故。

2. 存在问题

（1）问题描述。整条线路取同一风速计算，大风区域风速应以现场实际最大风速计算，设计单位应到设备运行单位、风电场等单位收资，应进行差异化设计。

（2）依据性文件要求。《十八项反措》规定：新建线路设计时应结合线路周边气象台站资料及风区分布图，并参考已有的运行经验确定设计风速，对山谷、垭口等微地形、微气象区加强防风偏校核，必要时采取进一步的防风偏措施。

（3）分析解释。虽然为同一条线路，但出于不同地段因微气象不同，部分区段存在风偏超过设计标准的问题，不满足安全运行要求。如2016年某公司发生多起处于风口220 kV线路因风偏差异化设计考虑不足导致的跳闸事件。

3. 执行意见

新建线路设计时应结合线路周边气象台站资料及风区分布图，并参考已有的运行经验确定设计风速，对山谷、垭口等微地形、微气象区加强防风偏校核，必要时采取进一步的防风偏措施。针对已发生风偏故障的区域、处于风口区域、风电场区域，110 kV线路（转角大于30°）跳线可采用硬连接方式，220~330 kV线路（转角大于30°）跳线采用双跳线串。线路设计时，不能仅满足设计的一般要求，避免线路运行后再行更换防风偏绝缘子。

第174条 关于输电线路防止绝缘子和金具断裂的问题

1. 现状

部分330 kV输电线路未采用双串绝缘子、独立双挂点设计，不满足反措要求。如新建某330 kV线路耐张串虽采用双串绝缘子，但不是独立双挂点。

2. 存在问题

（1）问题描述。330 kV及以上输电线路按照防掉线反措要求，应采用双串绝缘子及独立双挂点设计。

（2）依据性文件要求。《十八项反措》第6.3.1.3条：500（330）kV和750 kV线路的悬垂复合绝缘子串应采用双联（含单V串）及以上设计，且单联应满足断联工况荷载的要求。

（3）分析解释。500（330）kV和750 kV线路的悬垂复合绝缘子串未采用双串绝缘子及独立双挂点设计，运行中存在掉线风险。

3. 执行意见

按照《十八项反措》第6.3.1.3条执行，500（330）kV和750 kV线路的悬垂复合绝缘子串应采用双串绝缘子及独立双挂点设计。

第175条 关于输电线路防鸟设施数量不足的问题

1. 现状

线路新建时，未依据《架空输电线路防鸟装置技术规范》的要求，结合鸟害分布图，对线路防鸟设施装设情况进行评估，导致防鸟刺等防鸟设施安装不足，未能实现立体交叉防鸟防护，运行中容易发生鸟害跳闸事件。

2. 存在问题

（1）问题描述。基建安装的防鸟刺数量少，每基数量仅达到运行防鸟的10% 左右，且未安装防鸟挡板、防鸟针板、防鸟锥，导致线路投运后需要补装大量的防鸟刺。

（2）依据性文件要求。《十八项反措》第 6.6 条：66~500 kV 新建线路设计时应结合涉鸟故障风险分布图，对于鸟害多发区应采取有效的防鸟措施，如安装防鸟刺、防鸟挡板、防鸟针板，增加绝缘子串结构高度等。110（66）、220、330、500 kV 悬垂绝缘子的鸟粪闪络基本防护范围为以绝缘子悬挂点为圆心，半径分别为 0.25、0.55、0.85、1.2 m 的圆。

（3）分析解释。防鸟刺数量不足或单一措施难以有效防止鸟害发生，只有防鸟刺、防鸟护套、防鸟挡板等设施组合运用，才能取得较好效果，提高线路鸟害防范能力。

3. 执行意见

110 kV 及以上线路防鸟刺、防鸟挡板、防鸟针板等防鸟设施加装密度应满足鸟害区线路的标准要求，使线路运行后不再补装。在 110 kV 及以上线路绝缘子上方横担 1.0~2.0 m 区域内应采取避免鸟类栖息、逗留的可靠措施。

第 176 条　关于输电线路瓷质绝缘子是否涂覆防污涂料的问题

1. 现状

输电线路在基建阶段，中度以上污秽区使用瓷绝缘子的未涂覆防污闪涂料。

2. 存在问题

（1）问题描述。基建阶段，对于污秽等级较高的区域，瓷绝缘子爬电距离满足要求后，未能针对某地降雨量少、自洁能力差的特点，统一涂覆防污闪涂料，提高线路防污水平。

（2）依据性文件要求。《国网基建部关于加强新建输变电工程防污闪等设计工作的通知》（基建技术〔2014〕10 号）要求：对于自洁能力差（年平均降雨量小于 800 mm）、冬春季易发生污闪的地区，若采用足够爬电距离的瓷或玻璃绝缘子仍无法满足安全运行需要，确需涂覆防污闪涂料的，在基建阶段统一实施。瓷或玻璃绝缘子涂覆防污闪涂料，宜采用工厂化喷涂。

《输变电设备防污闪技术措施补充规定》（运检二〔2013〕146 号）规定：外绝缘应按污秽等级要求配置，b 级及以下污区可使用普通瓷或玻璃绝缘子，接近上限值时可使用防污绝缘子或复合绝缘子；c 级污区宜使用复合绝缘子或自洁性良好的防污绝缘子；d 级及以上污区，应使用复合绝缘子。对使用瓷或玻璃绝缘子不满足要求的，在设计、基建阶段可采取涂覆防污闪涂料或瓷、玻璃复合绝缘子等措施。

（3）分析解释。输电线路在基建阶段，使用瓷绝缘子的未涂敷防污闪涂料，移交运行后，由运维单位再进行补涂，无形中增加运维成本，且运行阶段在高处涂敷时，质量难以保证，防污涂料使用量大。

3. 执行意见

针对某地区自洁能力差（年平均降雨量小于 800 mm）的特点，结合输变电工程周围的污秽和发展趋势，若采用足够爬电距离的瓷或玻璃绝缘子仍无法满足安全运行需要的实际情况，应加强防污措施，确需涂覆防污闪涂料的，在基建阶段统一实施瓷或玻璃绝缘子工厂化喷涂防污闪涂料。

第 177 条　关于输电线路杆塔基础设计的问题

1. 现状

部分线路在建设阶段处于地市低洼处或矿场采空区，未能依据地形地质对杆塔基础进行特殊设计，运行中存在基础倾斜甚至倒塔的危险。如 330 kV 某线设计之初未考虑塌陷波及区的影响，造成运行中杆塔倾斜。

2. 存在问题

（1）问题描述。针对特殊地形地貌，基础没有进行特殊设计，导致移交投运后无法满足安全运行需要。

（2）依据性文件要求。《十八项反措》第 6.1 条规定：①线路设计时应预防不良地质条件引起的倒塔事故，应避让可能引起杆塔倾斜、沉陷的矿场采空区；不能避让的线路，应进行稳定性评估，并根据评估结果采取地基处理（如灌浆）、合理的杆塔和基础型式（如大板基础）、加长地脚螺栓等预防塌陷措施。②线路设计时宜避让采动影响区，无法避让时，应进行稳定性评价，合理选择架设方案及基础型式，宜采用单回路或单极架设，必要时加装在线监测装置。③对于易发生水土流失、山洪冲刷等地段的杆塔，应采取加固基础、修筑挡土墙（桩）、截（排）水沟、改造上下边坡等措施，必要时改迁路径。

（3）分析解释。线路路径选择应避让不良地质和地形，不能避让的，必须进行特殊设计，防止运行中发生杆塔倾斜及倒塔事件的发生。

3. 执行意见

按照《十八项反措》第 6.1 条执行。

第 178 条　关于变电站站外出线设计不合理的问题

1. 现状

变电站投运初期，进出线间隔规划不合理，站外杆塔设计未考虑远景出线情况，导致站外出现交叉跨越情况，并且由于先建成的线路未考虑后期出线交叉跨越情况，造成后期进出线困难甚至必须对原有线路进行改造后方能进出线。

2. 存在问题

（1）问题描述。变电站进出线不能结合远期规划，对进出线杆塔位置、呼高等进行充分优化设计，导致后期进出线困难、走向混乱，给运行带来极大风险。

（2）依据性文件要求。GB 50545—2010《110 kV~750 kV 架空输电线路设计规范》要求：变电站的进出线，两回或多回线路应统一规划。现有运行经验表明，多次出现变电站进出线混乱情况，被迫进行间隔调整。

（3）分析解释。变电站进出线间隔规划不合理，容易出现变电站附近多回线路交叉跨越情况，或者只能对原有线路杆塔进行改造后才能进出线的情况，加大了投资，降低了运行可靠性。

3. 执行意见

变电站进出线按照远景统一规划，必要时提高进出线杆塔设计标准，保证后期新建线路时，进出线清晰顺畅，对地距离满足要求。

第 179 条　关于输电线路防雷设计的问题

1. 现状

输电线路在防雷设计时，仅安装了地线或在电缆出线第一级杆塔上安装了避雷器，但是未能在高塔、大接地电阻及其他雷击风险较高的重要线路，考虑采用安装线路避雷器。

2. 存在问题

（1）问题描述。未能针对特殊地形或高落雷区域，进行防雷差异化设计，导致线路遭受雷击跳闸的风险增加。

（2）依据性文件要求。《国家电网公司关于印发〈架空输电线路差异化防雷工作指导意见〉的通知》（国家电网生〔2011〕500 号）要求：线路防雷设计应按照沿线雷区分布，合理确定线路绝缘水平、地线保护角、杆塔接地电阻。重要线路还应利用数字仿真手段进行线路、杆塔的反击、绕击跳闸率校核，优化设计方案。对于不满足运行要求的区段或杆塔，应适当提高耐雷水平或增加防雷措施。

（3）分析解释。近年来，随着电网的快速发展和强对流天气的增多，雷电活动次数相应增加。为此，需要根据输电线路在电网中的重要程度、线路走廊雷电活动强度、地形地貌及线路结构等差异，有针对性地开展架空输电线路防雷设计，进一步提高输电线路防雷水平。

3. 执行意见

架空输电线路的防雷措施应按照输电线路在电网中的重要程度、线路走廊雷电活动强度、地形地貌及线路结构的不同，进行差异化配置，重点加强重要线路和多雷区、强雷区内线路的防雷保护。

（1）在雷害高发的线路区段，当其他防雷措施已实施但效果不明显时，经论证可安装线路避雷器。220 kV 及以下重要线路，反击和绕击雷害风险均处于Ⅲ级及以上区域的线路杆塔，可选择安装线路避雷器。

（2）同塔双回 110 kV 和 220 kV 线路，可在具有正常绝缘的一回线路上适当增加绝缘以形成不平衡绝缘，从而降低雷击引起双回线路同时闪络跳闸的概率。

第 180 条　关于线路走廊内树木清理的问题

1. 现状

输电线路走廊内树木生长较高，输电线路安全距离不足。

2. 存在问题

（1）问题描述。相关规程对输电线路走廊内树木最终生长高度的定义不同，导致对输电线路走廊内树木是否清理这一问题产生争议。

（2）依据性文件要求。DL/T 741—2019《架空输电线路运行规程》附录 A.6 线路通过林区：线路通过林区及成片林时应采取高跨设计，未采取高跨设计时，应砍伐出通道，通道内不得再种植树木。通道宽度不应小于线路两边相导线间的距离和林区主要树种自然生长最终高度两倍之和。通道附近超过主要树种自然生长最终高度的个别树木，也应砍伐。

GB 50545—2010《110 kV ～ 750 kV 架空输电线路设计规范》第 13.0.6.2 条：当砍伐通道时，通道净宽度不应小于线路宽度加通道附近主要树种自然生长高度的 2 倍。通道附近超过主要树种自然生长高度的非主要树种树木应砍伐。

（3）分析解释。林区主要树种自然生长高度与林区主要树种自然生长最终高度是有区别的。观察发现，植物对线路下的电场有很强的适应能力，线路走廊中生长的农作物，受到电场的刺激，一般生长得更高大。一般情况下，地处农田地、果园、水资源丰富等土壤肥沃地带的树木，实际的生长高度往往高于自然生长高度，因此，从"生长最终高度"考虑，与从"生长高度"考虑，是有差异的。

3. 执行意见

线路设计按 GB 50545—2010《110 kV ～ 750 kV 架空输电线路设计规范》的规定执行，应考虑树木自然生长高度。按本地自然生长最终高度重新修订跨越树木的相关要求。对地距离应满足运行规程要求，并充分考虑周边规划、发展需要（需做好现场收资，并积极采纳运行单位意见）。对地距离的设计标准应考虑 10~20 年后的建设和环境变化，提高设计标准，以免 10~20 年后陆续抬高改造等。

第 181 条　关于输电线路金具与塔窗距离不足的问题

1. 现状

近年线路设计时，普遍考虑降低成本，使用典设塔，带电部位与塔材最小安全间隙距离不满足规程要求。

2. 存在问题

（1）问题描述。相关规程对于带电作业安全距离的定义不同，设计单位对带电部位与塔材最小安全间隙距离裕度考虑不足，导致存在跳闸隐患。

（2）依据性文件要求。DL/T 741—2019《架空输电线路运行规程》附录 C 要求：输电线路带电部分与杆塔构建最小间隙应满足间隙要求；输电线路带电作业时，塔上作业人员距带电体最小安全距离和等电位作业人员对地、与相邻导线最小安全距离应满足安全要求。

《国家电网公司电力安全工作规程（线路部分）》表 9 规定了等电位作业最小组合间隙。

GB 50545—2010《110 kV~750 kV 架空输电线路设计规范》第 7.0.9 及 7.0.10 条要求：带电部分与杆塔构建的最小间隙应符合规定；带电作业时，带电部分对杆塔与接地部分的校验间隙应符合规定，设计过程中考虑带电作业人员安全作业距离。

（3）分析解释。线路设计时，普遍使用典设塔型，设计人员对塔型电气间隙未进行验算，不满足 GB 50545—2010《110 kV ～ 750 kV 架空输电线路设计规范》中电气间隙要求，未对《国家电网公司电力安全工作规程（线路部分）》带电作业组合间隙要求进行校核。对国家电网有限公司下发要求执行的标准未能够严格执行，设计深度不够，审核把关不严，审核、批准环节流于形式。

运行单位在验收时，未对带电作业安全间隙进行校核。由于 GB 50233—2014《110 kV~750 kV 架空输电线路施工及验收规范》中未对中相电气间隙验收作具体要求，若验收时按照《110 kV~750 kV 架空送电线路施工及验收规范》进行验收，仅针对耐张塔引流线电气间隙进行测量，未对直线塔电气间隙进行测量，导致直线塔安全间隙不足隐患无法及时发现。

3. 执行意见

输电线路设计应严格按照 GB 50545—2010《110 kV~750 kV 架空输电线路

设计规范》的要求，并参考 DL/T 741—2019《架空输电线路运行规程》及《国家电网公司电力安全工作规程（线路部分）》中关于带电作业人员组合间隙的最低要求并留有裕度。例如：1000 m 以内地区，GB 50545—2010《110 kV~750 kV 架空输电线路设计规范》规定：750 kV 线路中相 V 串带电部分与杆塔构件最小间隙设计值为 4.8 m；DL/T 741—2019《架空输电线路运行规程》规定：地区 750 kV 直线塔中相等电位人员距塔身为 4.8 m；《国家电网公司电力安全工作规程（线路部分）》表 9 规定：750 kV 线路等电位作业最小组合间隙为 5.4 m（即 4.9+0.5）。为确保作业人员人身安全，应严格执行规程，校核各种工况的安全距离。

第182条　关于输电线路路径选择应合理避让危险源的问题

1. 现状

部分输电线路在规划阶段未能合理避让山火易发区、采矿区、高大灌木及速生林区、居民区、农业大棚、垃圾站（垃圾填埋场）、废渣处理厂、重污秽区、河道（湖泊）、泄洪区，风害、覆冰、雷害、鸟害多发区等地域，给线路运行留下山火、冰害、舞动、风害、地质灾害、污闪、雷击、机械外破、异物、树线放电、鸟害等风险隐患且整治难度大，运维成本高，线路本质安全水平低，难以保证线路安全可靠运行。如某新建 330 kV 线路钻越 330 kV 线路的塔处于局部低洼处，存在安全隐患。

2. 存在问题

（1）问题描述。输电线路路径选择应满足线路后续安全运行和运维需要，尽量为线路运行创造良好的运行环境，如果不能避免，应综合考虑特殊气象、特殊地段、周边环境等因素，采用差异化设计或提高设计标准。

（2）依据性文件要求。Q/GDW 11721—2017《国家电网有限公司差异化规划设计导则》规定，重要输电线路路径选择时应：①线路路径应优先选择地形、地质和气象条件较好的路径位置，宜避开重覆冰地区，宜尽量避开重污秽地区，无法避开时，应适度提高防污水平。②应合理规划路径走廊，宜避免多条重要线路在同一走廊内走线。③线路路径选择应尽量避免大档距、大高差和大小档。④重要输电线路宜单回架设；由于走廊拥挤确需同塔多回架设时，优先考虑重要输电线路与一般线路同塔架设。

《十八项反措》规定：①线路设计时应避让可能引起杆塔倾斜和沉降崩塌、滑坡、泥石流、岩溶塌陷、地裂缝等不良地质灾害。②线路设计时宜避让采动影响区，无法避让时，进行稳定性评价，合理选择架设方案及基础型式，宜采用回路或单极架设，必要时加装在线监测装置。③对于易发生水土流失、山洪冲刷等地段的杆，应采取加固基础、修筑挡土墙（桩）、截（排）水沟、造上下边坡等措施，必要时改迁路径。④线路路径选择应以冰区分布图、舞动区域分布图为依据，宜避开重冰区及易发生导线舞动的区域。⑤新建线路宜避开山火易发区，无法避让时，宜采用高跨设计，并适当提高安全裕度；无法采用高跨设计时，重要输电线路应按照相关标准开展通道清理。

（3）分析解释。输电线路安全运行受通道环境影响巨大，近年来，输电通道内隐患、外破跳闸事件多发频发，虽然投入大量的人力、物力，但是外破跳闸事件仍然无法得到有效遏制。

3. 执行意见

输电线路路在可研阶段线路路径定位时，应经设备部人员确认，必要时设备部或线路运维人员应参与线路路径的踏勘及定位，尽可能避让山火、冰害、舞动、风害、地质灾害、污闪、雷击、机械外破、异物、树线放电、鸟害等风险隐患区域。

第 183 条　关于同一走廊内输电线路距离过近的问题

1. 现状

电网存在同一走廊内多条 220 kV 及以上线路并列运行且线路中心距离少于600 m 的情况，存在多回同跳风险，构成四级区域或省级电网事件。如 750 kV 某Ⅰ、Ⅱ线，750 kV 某某Ⅰ、Ⅱ、Ⅲ线部分区段距离过近，有可能因异物引发同跳事件。

2. 存在问题

（1）问题描述。在线路规划阶段，应合理选择线路走向，避免多条重要线路近距离并列运行构成密集通道。

（2）依据性文件要求。Q/GDW 11450—2015《重要输电通道风险评估导则》，密集通道由两回及以上中心距离一般不超过 600 m 的重要输电线路组成，通道内线路同时故障时，构成四级区域或省级电网事件。

Q/GDW 11721—2017《国家电网有限公司差异化规划设计导则》规定，重要输电线路路径选择时应：①应合理规划路径走廊，宜避免多条重要线路在同一走廊内走线。②重要输电线路宜单回架设；由于走廊拥挤确需同塔多回架设时，优先考虑重要输电线路与一般线路同塔架设。

（3）分析解释。当多条线路并列运行且线路中心距离近时，在通道内及通道两侧 100~300 m 内存在大面积塑料大棚、薄膜、大型横幅、彩钢板及其他易漂浮物的情况下，遇到大风、龙卷风等特殊气象，存在异物导致的多回同跳风险，构成四级区域或省级电网事件。

3. 执行意见

输电线路路在可研阶段线路进行路径定位时，应对线路负荷性质及重要程度进行评估，尽可能避免多条重要线路近距离并列运行。

第184条 关于输电线路钻越、跨越次数多的问题

1. 现状

新建某330 kV线路跨越高速公路1次、高速铁路1次、35~220 kV线路26条，发生多次钻越同电压等级线路，新建线路钻越段对地安全距离低，且部分杆塔处于低洼地域，存在安全隐患。

2. 存在问题

（1）问题描述。不同电压等级线路钻越、跨越次数多，且在设计阶段安全距离校核不严谨，运行中易发生脱冰跳跃或大风造成的安全距离不足引起的跳闸事件。

（2）依据性文件要求。Q/GDW 11721—2017《国家电网有限公司差异化规划设计导则》规定：线路路径选择时，宜减少"三跨"数量，且不宜连续跨越；跨越重要输电通道时，不宜在一档中跨越3条及以上输电线路，且不宜在杆塔顶部跨越。

（3）分析解释。线路交叉跨次数少，可大大降低线路运行中发生的因交跨距离不足造成的线路跳闸风险。同一电压等级采用钻越方式，在保证线间安全距离时，减小了钻越线路对地距离，不利于线路安全运行。

3. 执行意见

输电线路在可研阶段线路进行路径定位时，路径中需要钻越、跨越的运行线路应尽量少。同一电压等级的公网线路宜采用跨越方式，增加新建线路对地距离安全裕度。

第185条 电缆线路的防火设施未与主体工程同时设计、同时施工、同时验收的问题

1. 现状

电缆线路的防火设施未与主体工程同时设计、同时施工、同时验收，防火涂料和自动灭火设施多为后期改造。

2. 存在问题

（1）问题描述。变电站电缆线路的防火设施未与主体工程同时设计、同时施工、同时验收，不满足防止电缆火灾的要求，影响电缆安全稳定运行。

（2）依据性文件要求。《十八项反措》第13.2.1.1条：电缆线路的防火设施必须与主体工程同时设计、同时施工、同时验收，防火设施未验收合格的电缆

线路不得投入运行。

（3）分析解释。电缆线路防火设施未与主体工程同时设计、同时施工、同时验收，易发生火灾事故。当发生火灾时，易造成火灾蔓延，扩大事故范围，严重威胁电缆设备安全稳定运行。

3. 执行意见

按照《十八项反措》第 13.2.1.1 条执行，电缆线路防火设施必须与主体工程同时设计、同时施工、同时验收，施工过程中产生的电缆孔洞应加装防火封堵，受损的防火设施应及时恢复，并由运维部门验收。